▶▶▶▶▶ 增訂二版序

　　《設計圖法》一書於 1993 年 3 月出版，迄今已逾 13 載，承蒙各大專院校相關設計科系的老師、學生們及設計同好者採用參考。不僅肯定了這本書的可用性、務實性與價值性，也肯定了筆者的付出，在此萬分感謝各位讀者的支持及三民書局的投入。

　　一件設計作品的產出與表現的過程，必須經由來自內在的創意構思、圖示、表現至實品，過程缺一不可；圖示表現過程更為重要，它是「明喻」的表達將隱喻明確的表現，設計圖法為一種設計語言，如〈序言〉所述包含構想草圖、概略圖、精密描寫圖、構造分解圖（俗稱爆炸圖）、工程圖（俗稱工作圖或加工圖）及科技的電腦圖（電腦輔助製圖 CAID）等，設計者透過設計圖法之表現技巧，可將設計構想概念「作品」表達得淋漓盡致、毫不含糊。

　　本書是一部深入淺出，引領設計領域工作者，包括設計初學者或設計師進行設計工作的利器，應用設計圖示法解決並表達產品的造形、型態、機構等。現今科技發達，人們對生活品質需求的提升更為期待，本書的再版使設計師在工作過程中更加跨越障礙，得心應手；學校設計科系的同學亦能順利習得設計知識與技能。

　　感謝三民書局的再版貢獻及建言。

林振陽於南華大學

2006 年 9 月

序　言

在設計傳達、溝通的領域中，包含了圖面的描繪表示、語言文字的敘述及模型的製作展示等各種表現方法。人類觀念的想像、思想之表達與記載，最初僅藉圖畫描繪，後經演變簡化至今之文字敘述，這種演變對於人類文化之進步，實有莫大的貢獻。然而科學及工業日漸發達後，人類生存的空間世界中，不斷產生許許多多的「產品」，設計者、生產者、販賣者與消費者，均欲清楚明白其個中究竟。而以文字言語敘述記載其構想、結構，並探討及創作，不但繁瑣費時又不能令人一目了然，且有極大的困難。為了解「產品」特有性質的存在，人類藉著心思想像、眼力觀察、判斷，利用繪圖表現，作為設計者、製造生產者、消費者間之溝通圖解語文，為最經濟、最有效、最簡便的方法。

設計語言中，圖面的表達包含了構想草圖、概略圖、精密描寫圖、構造分解圖及工程圖等，作為設計業界溝通構想及語文表達之工具，已達數十年之久。其目的則在於訓練及培養設計人員的繪圖技術及識圖能力，並以最簡潔精鍊的繪畫技巧，達到溝通之目的。近年來由於科學理論日新月異，工業技術突飛猛進，產品造形及形態的多樣化，應用圖示的方法與技巧，解決造形形態、空間及物理等問題乃成為當務之急；因此吾人在繪圖方面的知識，需能配合科學及工業之進展而齊頭並進。凡是產品設計人員或從事工業產品生產及製造人員，皆應努力學習有關產品設計之各種圖示法之知識與技能。

再者，本「設計圖法」略異於「工程圖學」，目前各大專院校之設計科系在設計圖示表現訓練上，皆無一較合適之有關

「設計圖法」之教科書或教材作為教學或學習之依歸；有鑑於此，筆者樂於將個人所學及多年從事設計圖法教學之經驗，彙集工程圖學、圖學、工作圖與設計圖示法之相容性，完成本書，倘有誤謬之處尚祈請諸先進不吝指正。

感謝國立成功大學工業設計研究所研究生楊基昌、蔡宏政、顏光良等同學之協助。

林振陽於成功大學
1993 年 2 月

設計圖法
Design Drawing

Content

目 次

第 *1* 章 概 論

1.1 設計圖法的重要性
——繪圖語言的原理及實用

人類文化的記載與表現，最先即利用圖畫，後來經時空的更迭，才演變成今日的精簡文字，故對人類文明的開展，實大有貢獻。然自科學昌明後，工業發達，從事工程建設、工業設計等等之人士，當深感於文字記述其構想及創作，繁瑣耗時，且易生誤會困擾，故利用繪圖作為設計與製造間的圖解語文；本書名為「設計圖法」，實包括圖學、工程畫及一般於設計表現中具良好溝通特質的工業設計表現圖法，這是閱讀本書所應先有之認識。

每一工科學生必須了解如何繪圖及如何讀圖，故接受相關之設計圖法的訓練，極為重要，因將來均負有為了工作的需要而規定圖樣的責任，故必須對圖樣的每一細節，均能正確而完整的解釋。而研讀設計圖法繪畫語言的目的，則在於能將自己所欲設計者，明白表達於設計圖中，同時又能迅速閱讀他人之圖，欲達上述目的，學習者必須熟悉基本定理及其組合。而世界各地的繪圖原理均相同，故若於某地習成，則於其他各地亦能快速適用。

由於此種設計圖法語言屬繪畫形式，用描繪之視圖來表示及解釋物體的特性。故學習者在這方面的成就，不僅顯示其具有實用的技能，更具有在空間構想線條及使用各種符號而使圖樣更為清晰之能力。本章各部分，即針對圖法作一簡單而廣泛的介紹，希能使學習者對全書各章節有一透徹之概念。

1.2 設計圖法要素

—— 線法及字法

　　繪圖均係由線條所構成，以表示目的物的面及邊及其外形，而後於圖面上加注符號、尺寸、與說明文字等，可完成一正確詳實的形態描述。故於施展此種繪圖語言時，必須專精於徒手或用儀器加以繪製圓、線、與曲線之能力，參見（圖1）。所以，線條應端看目的物的幾何性質而加以連接，亦即當明瞭平面圖及立體圖之性質，以及明瞭如何將各圖學要素加以結合，即可以充分表明幾何組成的各分開視圖。

圖1

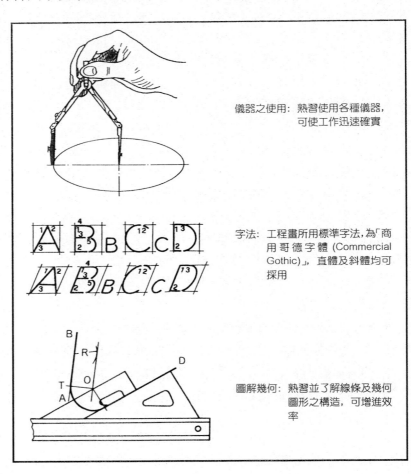

儀器之使用：熟習使用各種儀器，可使工作迅速確實

字法：工程畫所用標準字法,為「商用哥德字體 (Commercial Gothic)」，直體及斜體均可採用

圖解幾何：熟習並了解線條及幾何圖形之構造，可增進效率

1.3 表示形態的描述方法

　　進行繪畫語言時，分徒手及使用儀器兩種方法。甚多場合及初步設計之工作，乃至完工工作，常以徒手為之。而使用儀器繪圖為一種標準繪圖的方法，許多圖面均以儀器按照比例加以精確繪製；故習者對此兩種技法均應熟悉，俾將來工作或從事領導工作時，有能力鑑別繪畫文字之優劣。

　　由於繪圖的目的不同，所以設計者需在各種表示形態的方法中，選擇最適當者加以表現。而用投影的原理來說，正視圖及寫生法圖係兩種常用的方法。大多數的製圖圖面均採用正視圖，同時亦需運用符號及文字等，本書往後各章節尚會針對此項作深入探討。另為確實表示目的物件的詳細狀況，正視圖往往依需要輔以剖面圖、交線圖、展開圖如（圖 2）等特殊實用圖加以說明。

圖 2

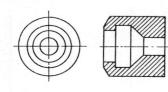

剖面圖：用以清晰表示內部較複雜之目的物件

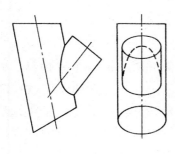

交線圖：由幾何面及幾何形體組成之投影，需於其間加添交叉線狀

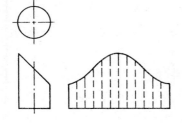

展開圖：係將幾何面展成為平面之形

寫生表示法為眼睛所見各種物象的投影繪製方法，此法或常應用於工作圖、原圖、表示圖或技術手冊之類的圖示說明，參見（圖 3）。一般而言，寫生法可分成不等角（正軸）、斜軸或透視等方式之投影圖。理論上正軸投影僅用於以一平面表示目的物的三面投影圖；斜軸圖則常用於：表示於一平面或各平面上，目的物為圓或四角線者，斜置目的物易於注入尺寸之情況；透視圖則如同用眼睛或攝影機所見之物象。

圖3

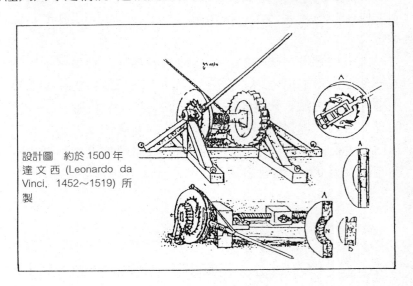

設計圖　約於 1500 年達 文 西 (Leonardo da Vinci, 1452～1519) 所製

1.4 圖學與工程圖的關係

論設計圖法，習者常將圖學與工程圖混淆。蓋以工程圖為工程界作為構想溝通及語言表達的圖說，於過去，工程人員所受的教育訓練均著重於繪圖及識圖的技術能力。然近來由於科學發達、工業進步，為解決空間及工程化種種複雜的問題，各投影原理及圖解法的運用，極為迫切。因此，從事工程技術人員早應跳越工程畫的範疇，學習更多的投影原理及相關繪圖知識。故擴充工程圖的知識內容，將製圖的知識與技能構成一完整系統，即為圖學，期使理論與實務更能密切配合。

如（圖 4–a、b）兩圖即可對照出圖學與工程圖的異同。於（圖 4–a）中，圖學的表現當注明各物體的頂點，及必要的投影點、基準線、

圖 4

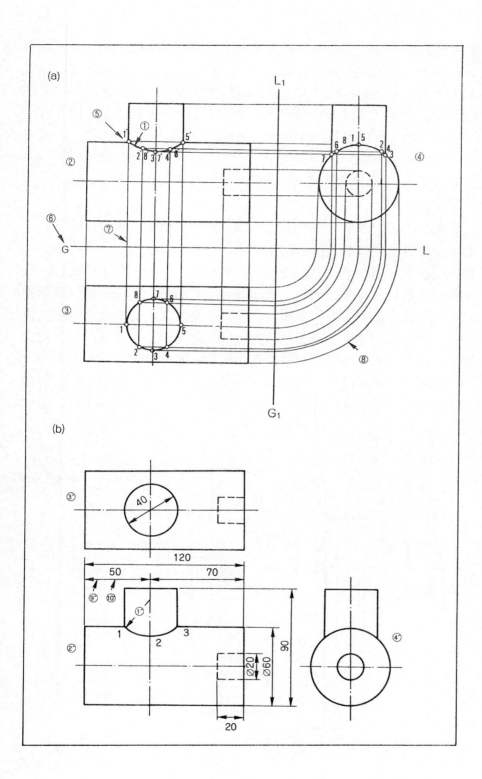

(a)

(b)

基線或對應線等，務使以正確的作圖法正確表示物體，除另有特別的時機才加入尺寸說明等。而於（圖 4–b）中可發現，製圖主要在能簡易清晰的表示物體，俾於工程實用，故對於尺寸說明的表示，是相當重視的，比起（圖 4–a）來說僅保留了①②③④及另加⑨的尺寸線及⑩的尺寸標示，另⑤⑥⑦⑧則將之省略了。

1.5　現代設計圖法的用途

現代的工業產量，規模較大，加以產品項目複雜繁多，致使一工業單位的各部門作業人員，均需按照不同的工作性質，分工合作，才能促使產品生產效率提高，確保品質的優良。故通常所說的圖樣即成為設計之溝通、管制、備料、製造、裝配、品管、甚至企劃、銷售等部門間之溝通橋樑。而工業單位自承接產品訂購之始至產品送至消費者處，其圖樣的產生，及為不同單位、場合所需運用的各種施工指導圖說，乃至夾具、治具的設計製造，均有一定的流程。

參見（表 1）所示者，即為典型一家電工廠的圖面流程實例，從創始構想之初，設計者如何在未有實物產品前具體的表現其構思，端賴

表 1

圖面的流程作業
實例

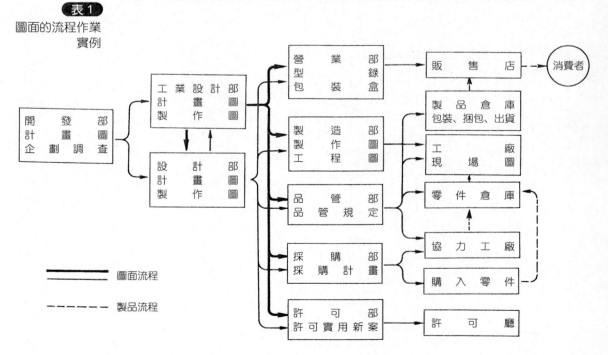

圖面的表示，徒手畫、表現技法的運用、工程圖面等等，均一再出現在不同的單位及場合。由於各部門的關係密切，因此圖面的流程溝通良好與否，決定了產品成功或失敗。

故一位設計師無論學識多麼淵博、專業技術如何精通，若繪圖溝通不良,則無法將其構想與設計用最簡單快速而有效的方式表達出來。而製造、生產管制、生產技術、品管、採購、製造、檢驗等人員，無論是主管或基層人員，亦須具備辨識及繪圖的能力，產品始可完全依照原設計者的構想而忠實重現。

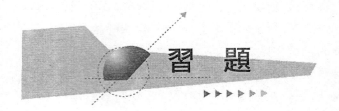

習 題

請將示意圖的號碼填入下列條文左端之（ 　 ）內。

（　）1. 在圖上寫字時，需在手底墊紙，以防污及圖面。

（　）2. 不可用溼布擦拭丁字尺。

（　）3. 停止畫圖工作時，應用布將繪圖板覆蓋之。

（　）4. 畫圖前後應洗手。

（　）5. 用兩手指拿起三角板。

（　）6. 勿在圖紙上放雜物。

（　）7. 暫時停止繪圖工作時，應將未完成圖加以覆蓋。

（　）8. 小心汗水滴在圖紙上。

（　）9. 用毛刷清除圖面。

（　）10. 鉛筆磨尖之用具不用時，應放入封套內保存。

（　）11. 所畫圖紙不可捲時，應平放於大封袋內。

（　）12. 移動丁字尺時應將尺身翹起。

（　）13. 磨芯後之鉛筆末應拭去。

（　）14. 畫圖工作時，不可用手抓頭髮。

（　）15. 不可用手清除圖面上之橡皮屑。

（　）16. 討論圖樣問題時，宜將掌心向上用指甲指示。

（　）17. 擦去線條時，應使用擦線蓋板。

（　）18. 勿在圖面上磨削鉛筆。

第 **2** 章　繪圖基本知識

2.1　繪圖儀器及其用法

　　於紙面上繪製圖面，需應用有關之儀器及設備。即使徒手繪圖，亦需橡皮擦及鉛筆，有時亦需利用方格紙（或稱座標紙）及其他特殊用品。而製圖中之線條（大致為直線或曲線），端賴選用準確而有效的繪圖儀器來繪成。選擇繪圖儀器及材料時，品質務求精良，一副上好之儀器，若能適當保管，則足夠長久之用。

㈠製圖板、丁字尺、三角板（圖1）

圖1

平行線畫法

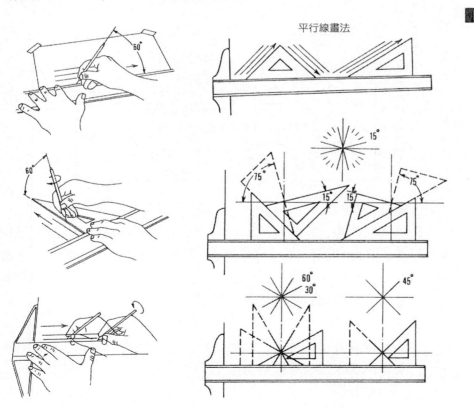

（續）圖1

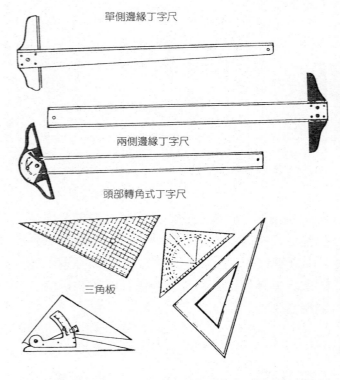

單側邊緣丁字尺

兩側邊緣丁字尺

頭部轉角式丁字尺

三角板

製 圖 板	檜木、松木等以美耐板覆面製，較圖紙規格大，兩端可鑲硬木或鋼條	60 × 45	A2
		90 × 60	A1
		105 × 75	B1
		120 × 90 cm	A0
丁 字 尺	木製，單側邊緣，透明，兩側邊緣壓克力製或硬木製，有活頭式及定頭式	60·75·90·105 120 cm	
三 角 板	木質製，塑膠質製，45°–45° 及 30°–60° 一對	15·18·24·30·36·45 60 cm	

1.製圖板

用來製圖的板，不論使用本身桌面或是其他另備之板，均可選用潔白檜木、松木、或菩提木所製成者。製圖板之大小以可使用大張圖紙為準，尺寸需較全張紙大。圖板兩端宜用鋼尺校正直度，亦有於板或桌面上裝配硬木或鑲嵌鋼條，使其經久耐用。

2.丁字尺

丁字尺以其外形而得名，為專繪橫向直線使用，故其尺身需非常平直。普通由硬木或塑膠壓克力製成，並常於其上鑲製單側或兩側透明邊緣。製圖者應備有數支長短不同之定頭丁字尺，及一支活頭丁字尺，以備不時之需。使用時需將尺頭放於圖板左面，緊握尺頭後，將尺沿畫板邊緣滑動，至接近所需位置。作精確調整時，則以拇指置於尺頭上，其餘手指置於圖板下移動之。畫線時，則將拇指置於圖板上，其餘手指按於尺面，至線畫完始可鬆手。沿丁字尺畫水平線應自左而右，筆桿向右方傾斜 60°。

3.三角板

三角板常用木質或其他塑性材料製成，透明之塑膠質三角板較木質者為好，惟應防內部變形，致三角板變得不正確。保存時需保持平放，避免強光與熱，以防彎曲。

垂直線可以三角板緊靠丁字尺尺身畫成。為俾於迎光作畫，應如（圖1）擺置畫具。畫垂直線時，應由下而上。作畫時將丁字尺尺頭靠緊圖板左邊，以左手壓住丁字尺尺身，並以左手手指伸縮調三角板，當聽「噠」一聲響時，即知兩者已接觸，此時即以左手五指按住兩者，且拇指與小指稍施向右之力，以保持畫具位置，同時畫者身體稍偏右方，鉛筆亦應呈現一 60° 傾斜角。為保持正確起見，三角板之角端往往不用，將丁字尺置於垂直線下端，可避免從角端畫起。

當畫傾斜線時，同上法亦可由三角板位置的改變畫出傾斜 30°、45°、60°、75° 及 15° 之線條。換言之，以二個三角板與丁字尺之合用，共可將 360° 之圓心角等分為 24 分，而不需用量角器。

畫任一線與另一線平行，應使三角板緊吻直尺(丁字尺或三角板)，經調整與原線疊合，再將三角板沿直尺移動至所需位置。而作任一線之垂直線時，應如（圖1）所示。類似上述方法作圖時，切勿以三角板之一直角緊吻原有之線，在另一直角邊上畫垂直線，以圖便利。

(二)比例尺、曲線規、曲線板、樣板（圖2）

1.比例尺

製圖時雖然可使用常見量度用之鋼尺，但繪製放大或縮小一定比例之圖時，則使用比例尺較方便。常用之比例尺種類，以斷面形狀區分，計有如圖示數種比例尺。常見之高級製圖比例尺，常用黃楊木製成，並於邊上鑲有白色賽璐珞。金屬尺雖然已有三十年以上之歷史，但仍在 1953 年後，備有金屬尺之繪圖儀器流行後，始被大量使用。中硬度之鋁合金，亦可作為金屬尺材料。二次戰後，各種塑膠尺問世，並普遍被採用。另有塗白色塑膠之金屬尺，刻度線刻在塑膠表面上者，亦頗受歡迎。上述各尺，均兼有白邊黃楊木尺之清晰與金屬之強韌性。

比例尺依不同工作需要應用，可分為機械工程師用、土木工程師及建築師用等，所不同在於刻畫的方式。另，一般於市面上流行的英制比例尺全長為一呎，公制比例尺全長三十公分，亦有含二制並列對照之比例尺。

繪圖時應將所用比例尺寸記入標注欄內，所需注意者，圖中所注之尺寸數字，為目標物之實際尺寸，並非所畫之長度（例如：3″=1′-

圖2

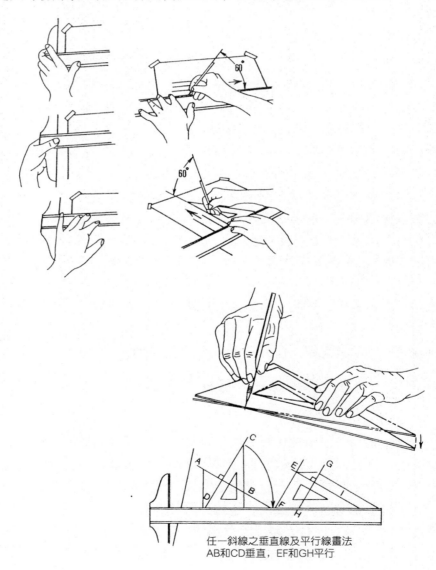

任一斜線之垂直線及平行線畫法
AB和CD垂直，EF和GH平行

0″，1：4）。而量度一直線或予以分段時，應自比例尺之零值開始，勿以分規於尺上量距離，再移於紙上，因其耗時又未見準確。量度時，用尺在量度位置以輕短畫線定出位置，必要時應在同一線上作連續量度，應儘可能不要移動刻度尺，以免累積之誤差產生。

　　2.曲線規、曲線板、樣板

　　曲線規係用柔性材料製成可任意彎成曲線的型規，使用時較曲線板更為便利。常見者多係由螺旋彈簧內裝鉛心，與一柔性板條連接而成之曲線規；亦有由柔性槽條並由數重塊支撐而構成的曲線規。曲線板則為畫光滑曲線專用的模板，係將橢圓、圓、螺線、拋物線及其他幾何曲線之一段，以不同型式組合連接，而成各種形狀木製或賽璐珞製之型板。學者當備足可繪製大、小曲線之曲線規、曲線板，以適用於各種曲線繪圖狀況。而為節省製圖時間，繪製圖面之幾何圖形，如橢圓、圓，或繪製各種角度線條及電路圖中元件符號、電子計算機流程符號等，均可使用樣板，樣板種類甚多，圖示者僅為數例。

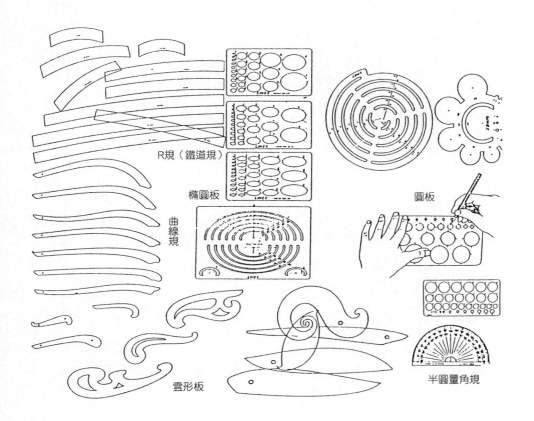

R規（鐵道規）

橢圓板

曲線規

圓板

雲形板

半圓量角規

㈢分規、圓規（圖3）

　　一般圖樣的主要部分中，若需繪圓及圓弧或轉量長度，或將直線分成數等分時需使用圓規、分規等成套儀器。一般繪圖工作均視三弓組儀器為標準器具，分別為小彈簧分規、大圓規、延伸桿及弓形儀器等。於設計及件數上趨向簡化堅固，常可更換鉛筆圓規、鋼針、鴨嘴筆頭等以適應不同的作圖需要。現將分規及圓規使用方法分述如下：

　1.分　規

　　用分規平分一直線時，可將分規分開，約及直線一半的長度。用大拇指執分規短柄於直線上測量長度。假使所分距離太短，則將分規一腳固定紙上，而憑目視張開另一腳至所差距離之半，將線重新量度；若分成之兩線段不正確，則如法重分。同理欲估定五等分線段亦同上

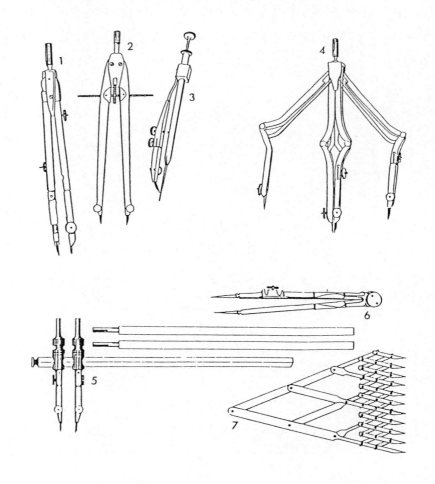

圖3

方法，若覺得以手調整分規至極小分度難以正確，則可改用細彈簧分規或弓形小分規。圖紙上需避免有不雅之針孔，若必須保留小孔時，可以鉛筆於孔之周圍作一圓圈，作為標記。

2. 圓　規

圓規鉛筆芯常需修磨，且常需調整，以與針尖配合。畫圓時，將圓規置於尺上，調筆至所需之半徑，以左手小指導引針尖位於正確位置；提升手指畫圓時，以大拇指及食指轉動柄，圓規應向進程方向略傾側。若畫較大尺寸之圓，需運用延伸桿或梁規，以雙手繪圖，但圓規之兩腳，仍應與紙面垂直。若畫若干同心圓，則必先畫最小之圓，俾不受圓心孔擴大之故；且繪圖時，用尺於紙上量下各半徑，再用圓規在每記號上作圓，以省時間。

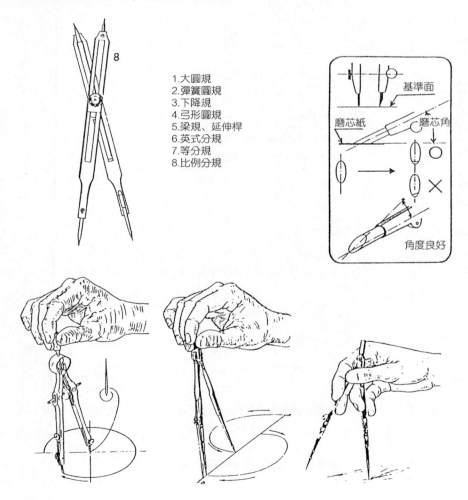

1. 大圓規
2. 彈簧圓規
3. 下降規
4. 弓形圓規
5. 梁規、延伸桿
6. 英式分規
7. 等分規
8. 比例分規

基準面
磨芯紙　　磨芯角
角度良好

㈣描圖用具、橡皮擦（圖4）

1.鉛 筆

　　各種硬度不同的鉛筆，是製圖的基本工具，常見者為普通木材筆桿或半自動工程筆。繪圖鉛筆的級數以數字及英文字母表示硬、軟度，自極軟而黑色的 6B 始至 8H 而至極硬 9H。較軟之 B 級鉛筆，常用於

圖4 鉛筆筆芯硬度如：

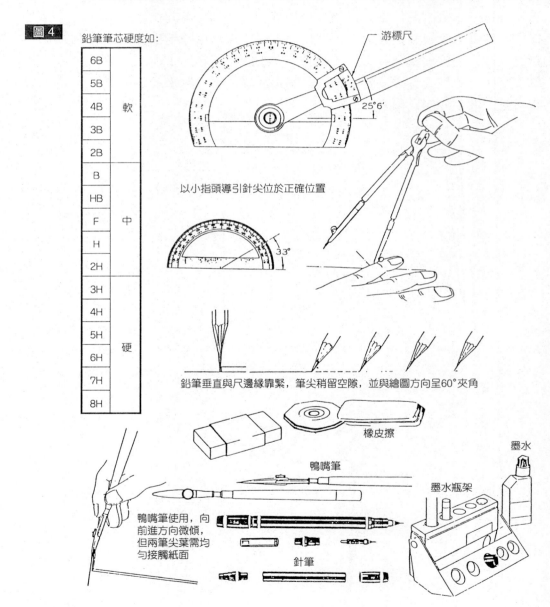

6B	軟
5B	
4B	
3B	
2B	
B	中
HB	
F	
H	
2H	
3H	硬
4H	
5H	
6H	
7H	
8H	

游標尺

25°6′

以小指頭導引針尖位於正確位置

33°

鉛筆垂直與尺邊緣靠緊，筆尖稍留空隙，並與繪圖方向呈60°夾角

橡皮擦

鴨嘴筆

墨水

墨水瓶架

鴨嘴筆使用，向前進方向微傾，但兩筆尖葉需均勻接觸紙面

針筆

寫生圖或描寫圖，而較硬之 H 級鉛筆，乃使用於儀器製圖。專業繪圖
者於繪圖時常每隔數分鐘即需磨鉛筆，磨尖後需將石墨屑揩去，方可
使用。鉛筆的選擇及應用需謹慎小心，用過分堅硬的鉛筆作濃線，易
使紙面形成凹槽。使用鉛筆上的壓力需平均，用圓錐形筆尖時，應隨
時轉動鉛筆，使所畫線條與鉛筆同保尖細。偶爾可用毛刷拂去圖上過
多之石墨屑。

2.橡皮擦

大型而兩端傾斜的橡皮擦，是相當標準的橡皮擦，此種橡皮擦擦去
筆跡極迅速，若同時使用擦拭遮蓋板，將可保持擦拭處較為光潔。倘欲
消除紙面上之污垢或指印時，宜用軟橡皮擦拭為宜。擦拭後之圖紙上常
殘留橡皮擦屑，宜用毛刷將之拂去，忌用手指拂拭，以防弄髒圖面。

3.鴨嘴筆

鴨嘴筆是用來畫上墨線之工具，筆頭之尖葉為其重要部分。若尖
葉太銳，則含蓄墨水必向上拱起，不易流出；若尖葉太鈍，則墨水流
得太快，將使墨線末端成球形或延展，故選擇或保養一副高級之筆是
必須的。用鴨嘴筆作圖時，必須有所憑藉——如丁字尺、三角板或曲
線板之類，使用時筆葉與直邊平行，以具有螺釘之一面向外，筆桿微
向右傾，兩筆葉平均著力於圖面，以使墨線兩邊平滑（圖5）。若墨水

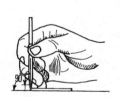

(a)前視　　　　　(b)側視　　　　　(c)用大拇指調整旋鈕

圖5
鴨嘴筆之正確執
法

不易流出，可輕捏筆葉或將筆尖輕觸手指，如仍未能畫出，則需立刻
拭去原墨，另蘸新墨（圖6）。所畫墨線必粗於鉛筆線，所以務使留意，
墨線中心應適當蓋於鉛筆線上。上墨時亦有一規則，平常先畫圓及圓
弧後再畫直線，此乃直線連接圓弧較以圓弧連接直線容易。另兩線若
相切者非僅二線接觸，而是二線之中心線相切，尤應注意（圖7）。近
些年，製圖者多喜用針筆，以免除鴨嘴筆加墨麻煩，及開度調節難達
標準，所繪線條粗細不一之弊。一組針筆有粗細各異數支，可按線條
規格選用。另針筆既能畫線，亦可寫字，即為鴨嘴筆所不能達成者。

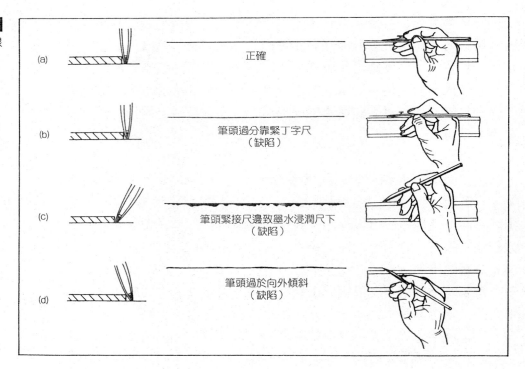

圖6
墨線

(a) 正確

(b) 筆頭過分靠緊丁字尺
（缺陷）

(c) 筆頭緊接尺邊致墨水浸潤尺下
（缺陷）

(d) 筆頭過於向外傾斜
（缺陷）

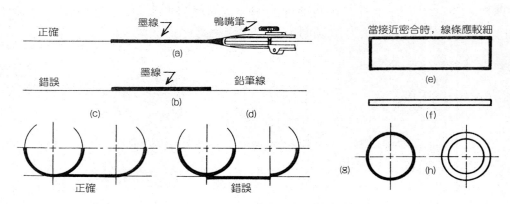

圖7
墨線中心
應與鉛筆
線中心相
合

正確　墨線　鴨嘴筆　(a)

當接近密合時，線條應較細　(e)

錯誤　墨線　鉛筆線　(b)

(f)

(c)　(d)
正確　錯誤

(g)　(h)

㈤描畫用具、材料（圖8）

除工程製圖外，常見表現設計的圖法另有描畫、精描色彩圖樣可加以說明。一般常用的用具、材料有針筆、簽字筆、水彩筆、平筆、毛筆、圭筆、毛刷等筆類工具；另顏料有粉彩、透明水彩、不透明水彩、壓克力顏料、油彩色墨水、廣告顏料、顏料噴罐等。而麥克筆、圖案筆、噴筆等則可直接著附顏色；另線膠帶（具寬窄不一各種尺寸）、

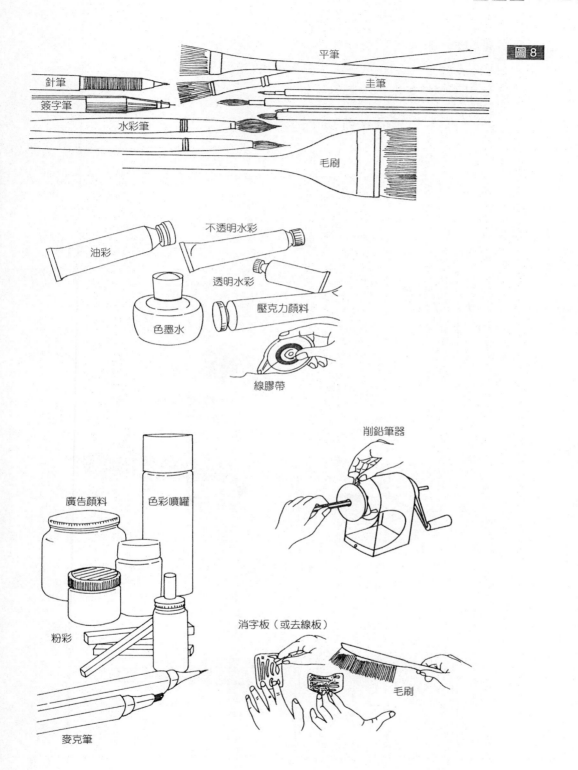

圖 8

平筆

針筆

簽字筆

圭筆

水彩筆

毛刷

油彩

不透明水彩

透明水彩

色墨水

壓克力顏料

線膠帶

廣告顏料

色彩噴罐

削鉛筆器

粉彩

消字板（或去線板）

毛刷

麥克筆

轉印筆、轉印紙（具文字、圖案、色調形式）亦是於一般描繪時所不可或缺之工具。另於坊間各美術社內，亦可購得各種尺寸及各種材質、適用不同繪製狀況的圖紙可供選用。

㈥製圖臺及其他（圖9）

1.製圖臺

為繪圖時，吾人能省時省力，且給予身體更多自由度，以降低疲

圖9

複寫臺或描圖桌

工具桌

製圖機臺

畫袋

畫筒

畫夾

勞，故準備一套製圖臺是有其必要。製圖臺有能替代三角板、丁字尺的手臂式、軌道式製圖儀，其用來繪製軸測投影圖，及斜投影圖是非常方便的。還可利用作測量角度、畫線及作型板移動。甚至可裝上立體定規或等角尺使用，更可節省許多作圖時間。另製圖臺之桌、椅均可調高、低及傾斜角，以配合不同體型的人士使用，且良好的照明燈具亦不可缺。

2.複寫臺或描圖桌

本設備為一複寫圖面之設備儀器，內藏日光燈管，桌面上覆以透光之毛玻璃，使用時接電後，即可在桌面上藉日光燈之強照光線，透過圖紙而加以複寫所要之圖面，本複寫臺以能配合不同使用者的需要而調整其傾斜角者為佳。另桌面透光之玻璃材料，亦可以壓克力替代之，唯需具耐熱、耐壓、透光性質良好者為佳。

3.其 他

為了繪圖上的方便，我們亦可準備一具有旋轉功能的工具桌，放置各式各樣的製圖設備，方便儀器設備的尋找及管理。另圖筒、圖夾等均是用來保護圖紙的完整，故耐摔、耐壓、防水是其必要條件。

一般於繪圖前之準備，製圖桌應放置於適當之處所，使光線從左邊射入，著手前，需以抹布將桌板與各項用具揩拭乾淨。若用左手繪圖之繪圖員，則於使用丁字尺及三角板時，只需將正規的右手位置以左易右即可。

2.2 幾何形態名稱及應用幾何

於繪製圖面時，常需運用幾何原理，繪圖者可憑儀器對於任何純粹幾何問題加以迎刃而解。本書不擬對全部幾何作圖法加以論述，僅列舉數例。通常繪圖儀器偶亦有不能用武之時，則自然非採取幾何方法不可。有數種作圖法在日常工作中係屬常見者，初學者均需加以熟習，除對基本幾何形態應加以熟識外，對於平面幾何的基本知識，嫻熟之餘應特別注意各圖中線與線之關係及其連接方法，細心繪製，如此，必可獲致良好效果。

㈠幾何形態名稱

初學者常見且需熟悉的各幾何形態名稱，參見（圖10）。

圖 10
幾何形態
及名稱

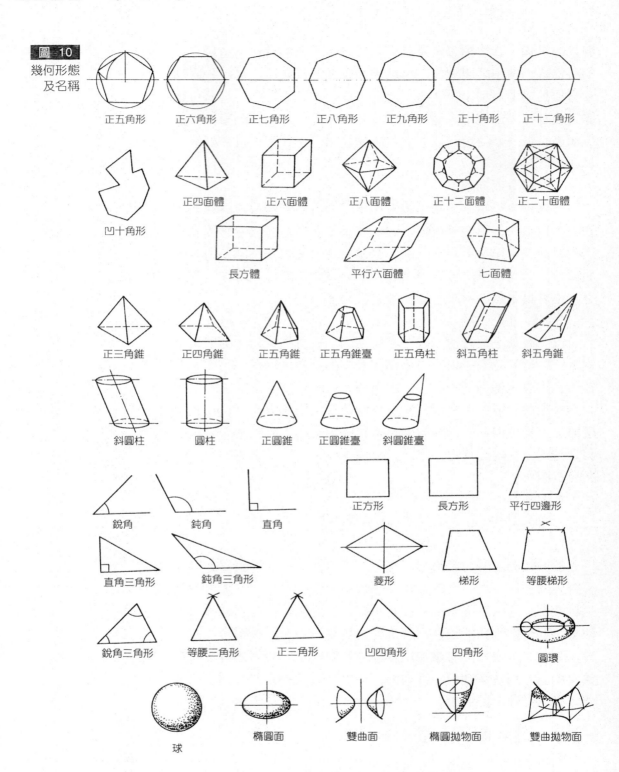

正五角形　正六角形　正七角形　正八角形　正九角形　正十角形　正十二角形

凹十角形　　正四面體　正六面體　正八面體　正十二面體　正二十面體

長方體　　　　平行六面體　　　七面體

正三角錐　正四角錐　正五角錐　正五角錐臺　正五角柱　斜五角柱　斜五角錐

斜圓柱　　圓柱　　正圓錐　正圓錐臺　斜圓錐臺

銳角　　鈍角　　直角　　　正方形　　長方形　　平行四邊形

直角三角形　鈍角三角形　　　菱形　　梯形　　等腰梯形

銳角三角形　等腰三角形　正三角形　凹四角形　四角形　圓環

球　　橢圓面　雙曲面　橢圓拋物面　雙曲拋物面

㈡直線應用幾何（圖 11）

1. 任意數等分一線段（例 8 線段）：參閱（圖 11-a）
   (1)已知欲將 AB 線段分為 8 等分，可由 A 作一不定長度之線，以合適長度在此線上作 8 等分。
   (2)將最末分點與 B 點連接。
   (3)過各分點作與上述線條平行之各線，此諸線與 AB 之交點，即為各分點。

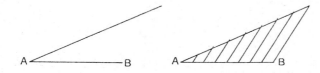

圖 11-a

任意數等分一線
段（例 8 等分）

2. 平分角法：參閱（圖 11-b）
   (1)欲平分角 BAC，以頂點 A 為圓心，用任意小於 AB 或 AC 之長為半徑，畫弧，交 AB 及 AC 於 D、E 兩點。
   (2)用同一半徑或大於 DE 距離之半為半徑，以 D 及 E 各為圓心，畫弧，相交於 O 點。
   (3)連接 AO 即為角 BAC 之平分線，用同法可將一角分為 4、8、16、32、64、…等分角。

圖 11-b

作平分角

3. 已知三邊作一三角形：參閱（圖 11-c）
   (1)如圖以 AB 線段為一邊，以其兩端為圓心，AC 及 BC 為半徑，作兩相交之弧，如圖所示。
   (2)連接 AC 及 BC 端點即得。用剖分為三角形法作展開圖時，常用此法。

圖 11-c
已知三邊畫三角
形

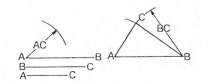

4.**圓內接正方形:** 參閱（圖 11-d）
　(1)過已知圓圓心作 45° 任一直線，並經由圓心作此線之垂直線。
　(2)連接上兩直線交於圓上四點即得。

圖 11-d
圓內接正方形

5.**兩等分已知線段:** 參閱（圖 11-e）
　(1)用圓規從直線之兩端畫同半徑之圓弧，其半徑需大於線段全
　　長之半。
　(2)將過圓弧之兩交點連一直線，此線即為垂直平分線，將線段
　　分為二等分。

圖 11-e
二等分已知線段

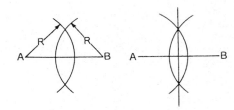

6.**二等分已知線段另法:** 參閱（圖 11-f）（用三角板及丁字尺）
　(1)於直線上之二點 A 及 B，作直線與 AB 成等角。
　(2)由所作二直線交點作 AB 線段之垂直線，即得。

圖 11-f
二等分已知線段
另法

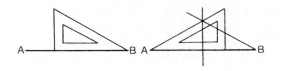

7. 圓內接正五邊形：參閱（圖 11-g）

　(1)作一圓之二垂直直徑。

　(2)取一半徑之中點為圓心，中點至另一垂直半徑與圓交點為距
　　　離作一圓弧，交中點所在之直徑於一點。

　(3)以此點至垂直半徑端點為距離，並以垂直半徑端點為圓心，
　　　作弧交圓於一點。

　(4)此點至垂直半徑端點之距即為五邊形之一邊，即以此距離用
　　　分規分割於圓上。

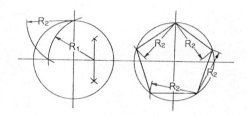

圖 11-g
圓內接正五邊形

8. 正方形內接正八邊形：參閱（圖 11-h）

　(1)作正方形之兩對角線。

　(2)以正方形四角為圓心，以對角線之半為半徑，作弧交於正方
　　　形邊上，連接各點即成。

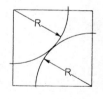 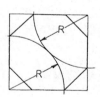

圖 11-h
正方形內接正八
邊形

9. 圓內接正八邊形：參閱（圖 11-i）

　(1)作圓之兩直徑，並互相垂直，與圓相交。

　(2)作兩直徑各交角之平分線，與圓相交。

　(3)連接各點即得。

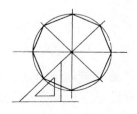

圖 11-i
圓內接正八邊形

10.**圓外切正八邊形：** 參閱（圖 11–j）
　(1)如圖所示，以丁字尺作圓之切線後。
　(2)以 45°–45° 之三角板與丁字尺配合，作其餘切線相交即得。

圖 11–j
圓外切正八邊形

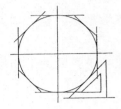

11.**圓內接正六邊形：** 參閱（圖 11–k）
　(1)作一圓之兩垂直直徑。
　(2)以丁字尺與 30°–60° 之三角板之 30° 角端配合，繪出各邊即得。

圖 11–k
圓內接正六邊形

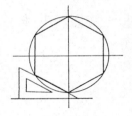

12.**圓內接正六邊形另法：** 參閱（圖 11–l）
　(1)作一圓之直徑。
　(2)分別以直徑兩端為圓心，已知圓半徑為半徑作弧與已知圓相交。
　(3)連接相交各點與直徑之端點即得。

圖 11–l
圓內接正六邊形
另法

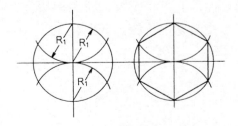

13.**圓外切正六邊形：** 參閱（圖 11–m）
　(1)如圖所示，以丁字尺及三角板作過圓心之兩相交垂線。

(2)以 30°–60° 三角板之 30° 角端配合丁字尺作圓之各切線相交即得。

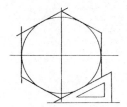

圖 11–m
圓外切正六邊形

14.近似圓周之實長表示法：參閱（圖 11–n）

(1)如圖作圓 O 之直徑 AB，並過 B 點作垂線，在此線上取 3 倍 AB 距離長線段。

(2)如圖作一 30° 角（與 3AB 長之線段同側），與圓相交。

(3)由上述該點作 AO 之垂線交 AO 於一點，連接此點於 3AB 線段端點即得。

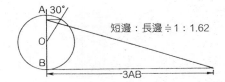

短邊：長邊 ÷ 1：1.62

圖 11–n
近似圓周實長表示法

15.短邊為 1 的黃金比例矩形：參閱（圖 11–o）

(1)作一正方形，並將之一分為二。

(2)如圖所示，以所分之線端點為圓心，R_2 為半徑，作圓弧。

(3)以三角板與丁字尺完成黃金比例矩形。

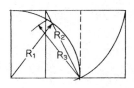

圖 11–o
短邊為 1 的黃金比例矩形

16.圓內接正十二邊形：參閱（圖 11–p）

(1)作圓之兩直徑，並互相垂直，與圓相交。

(2)以丁字尺與 30°–60° 之三角板之 30° 角端配合，由圓心作出各線於圓相交，連接各點即得。

直線應用幾何圖
法（正 12 邊形
的畫法）

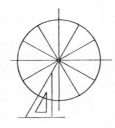
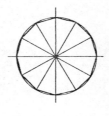

17.任意正多邊形畫法（例 7 邊形）：參閱（圖 11–q）

(1)於一圓直徑的端點作垂線，並於線上作七等分線段。

(2)由上述七等分線段加以平分直徑成七等分。

(3)各以直徑端點作圓心，直徑為弧之半徑，畫兩弧交於一點。

(4)如圖連接各點即得。

圖 11–q

任意正多邊形畫
法（例 7 邊形）

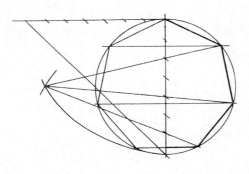

18.角 AOB 任意數等分（例 5 等分）：參閱（圖 11–r）

(1)以圓之直徑兩端（AO 線重合）各作圓心，直徑長為弧之半徑，
畫兩弧交於一點，連接此點與 B，交 AO 線直徑於一點。

(2)連接此點與 AO 線之垂線上五等分線段端點後，作此點至 A
點之五等分線段。

圖 11–r

角 AOB 任意數
等分（例 5 等
分）

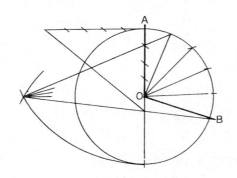

(3)如圖連接前述兩弧交點及上述各等分線段後，交圓於 5 點，再連接於 O 點即得。

㈢曲線應用幾何（圖 12）

1.作一半徑為 R 之圓切於一已知圓及一直線：參閱（圖 12-a）
(1)於已知線上取任相異兩點為圓心，R 為半徑，畫兩弧。
(2)作兩弧之公切線。
(3)以已知圓為圓心，已知圓半徑長再加 R 為半徑，畫弧，交上述公切線於 O 點。
(4)以 O 為圓心，R 為半徑，畫弧，則切於已知圓及直線。

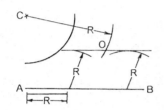
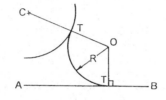

圖 12-a
作一半徑為 R 之圓切於一已知圓及一直線

2.作一已知圓弧與直角相切：參閱（圖 12-b）
(1)如圖以角 A 為圓心，已知圓弧 R 為半徑，交直角於兩點。
(2)分別以此兩點為圓心，R 為半徑，畫兩弧，交於 C 點。
(3)以 C 為圓心，R 為半徑，畫弧切直角 A 即得。

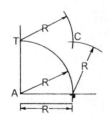
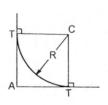

圖 12-b
作一已知圓弧與直角相切

3.由圓外一點作已知圓切線：參閱（圖 12-c）
(1)如圖連接圓心 O 與已知點 A，並求 AO 之垂直平分點 M。

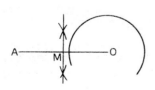
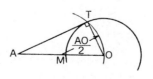

圖 12-c
圓外一點作已知圓切線

(2)以 M 為圓心，AO 線段之距離一半為半徑，畫弧，交圓 O 於
　　T 點。

(3)連接 AT 線即得。

4.作二已知圓開接切線：參閱（圖 12-d）

(1)已知圓 C_1 半徑大於圓 C_2 半徑，連接 C_1C_2 兩點之線段，並求
　　其垂直平分點。

(2)以該點為圓心，C_1C_2 之距離一半為半徑，畫弧，交以 C_1 為
　　圓心，兩圓半徑差為半徑之圓於 T 點。

(3)作 C_1T 之直線，交圓 C_1 於一點，另作過 C_2 之 C_1T 平行線，
　　交圓 C_2 於一點。

(4)連接上述(3)所作二點即得。

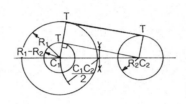

圖 12-d
作二已知圓開接
切線

5.作一已知圓弧與二直線（成銳角）相切：參閱（圖 12-e）

(1)已知直線 AB 及 DE，調整半徑為 R 之圓規，在兩直線上各選
　　合適二點為圓心，畫圓弧。

(2)畫如圖切於各圓弧且平行各直線之二直線，此二直線交點 C。

(3)以 C 為圓心，R 為半徑，畫弧切 AB、DE 兩線即得。

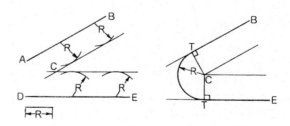

圖 12-e
作一已知圓弧與
二直線(成銳角)
相切

6.作二已知圓交叉切線：參閱（圖 12-f）

(1)連接 C_1C_2，同時連接垂直於 C_1C_2 的兩圓半徑端點，交 C_1C_2
　　於 M 點。

(2)作 C_2M 之平分點，並以此點為圓心，C_2M 之距離，一半為半

徑，作弧交 C_2 於一點。

(3)作 C_1M 之平分點，並以此點為圓心，C_1M 之距離，一半為半

徑，作弧交 C_1 於一點。

(4)連接(2)(3)所求二點即得。

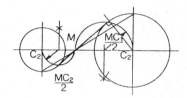

圖 12-f

作二已知圓交叉
切線

7.作切圓使二已知圓圓心位於切圓內：參閱（圖 12-g）

(1)如圖分別以 C_1、C_2 為圓心，以 R 分別減去兩已知圓半徑為半
徑，依次作圓弧相交於所需圓心 O。

(2)以 O 為圓心，R 為半徑，作圓相切即得。

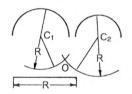 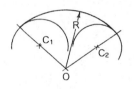

圖 12-g

作切圓使二已知
圓圓心位於切圓
內

8.柱面螺線畫法：參閱（圖 12-h）

(1)畫圓柱體的兩視圖，沿其一外形線量出導程。將導程等分為
數段（如 12 等分），再將正視圖之圓分成同數等分。

(2)於上視圖各分點自 1 開始，註以數字；於正視圖上，自點 1 之
正視圖起注明所分之段數。

(3)將螺旋線於上視圖上之各點投射其圓形正視圖上各分點（即
螺旋線之正視圖上各點），而與由導程上相同之各點橫出之線

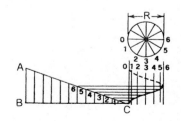

圖 12-h

柱面螺線畫法

相交而得。

9.作切圓使二已知圓圓心位於切圓外：參閱（圖 12-i）

(1)以 C_1 為圓心，C_1 半徑加 R 為半徑作一圓弧。

(2)再以 C_2 為圓心，C_2 半徑加 R 為半徑作一圓弧，交前一圓弧於 O 點，即得切圓圓心，再作半徑為 R 之切圓。

圖 12-i
作切圓使二已知
圓圓心位於切圓
外

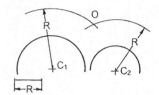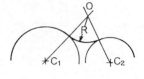

10.橢圓畫法(1)：參閱（圖 12-j）

(1)作三相同圓，關係位置如圖所示。

(2)連接如圖示所接各線。

(3)分別以交線為圓心，約 3 倍於(1)所畫圓之半徑為半徑，畫弧相切於二相同圓即得。

圖 12-j
橢圓畫法(1)

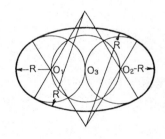

11.橢圓畫法(2)：參閱（圖 12-k）

(1)作二相同圓，關係位置如圖所示。

(2)連接如圖示所接各線。

(3)以二相同圓交點分別為圓心，約 2 倍於(1)所畫圓之半徑為半徑，畫弧相切於二相同圓即得。

圖 12-k
橢圓畫法(2)

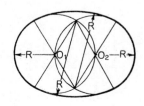

12.標準等角軸正立方體橢圓畫法：參閱（圖 12-I）

　　(1)於標準等角軸正立方體圖中，如圖所示，完成連接各線條。

　　(2)依第 10 項所述橢圓畫法(1)，分別作圖於立方體三面即得。

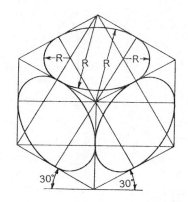

圖 12-I
標準等角軸正立
方體橢圓畫法

㈣直線與曲線的相接（圖 13）

1.二圓弧與一直線相接

　　如（圖 13-a、b、c）加以比較，讀者當可發現其中奧妙有趣之處；一般而言，於設計圖法中此三者僅具作圖上不同的意義，但對於一位設計者而言，關於設計事務上為求盡善盡美，焉有加以疏忽之理。加

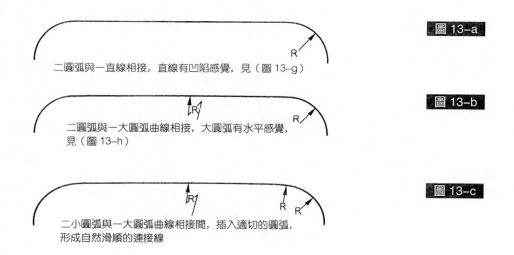

圖 13-a

二圓弧與一直線相接，直線有凹陷感覺，見（圖 13-g）

圖 13-b

二圓弧與一大圓弧曲線相接，大圓弧有水平感覺，見（圖 13-h）

圖 13-c

二小圓弧與一大圓弧曲線相接間，插入適切的圓弧，形成自然滑順的連接線

以應用後，可得見如（圖 13-d、e）兩方形有巧妙不同之處，一者看來四邊略為凹陷，另者經視覺修正後，則四邊雖有大圓弧角，看起來卻是平滑順暢有如直線感。

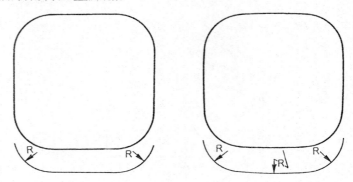

2.二直線與一半圓相接

如（圖 13-f、g、h）加以比較，讀者當可發現其中仍有巧妙之處，經過視覺修正後，半圓圓心不在二直線延伸線上，半圓與直線相接之小圓弧角後，整條曲線令人有較自然的感覺。

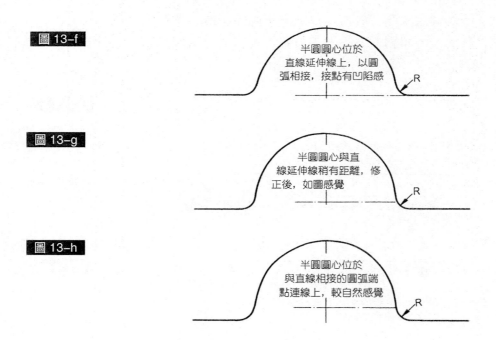

2.3 製圖線條與字法

㈠製圖線條

(1)製圖線條的種類、粗細、畫法及用途，於圖面上之對照關係，
　　參見（圖 14～17）。

(2)線條的粗細應自以下數值中選取：0.18，0.25，0.35，0.5，0.7，
　　1，1.4，2 mm，粗線對細線的比值不應小於 2：1。

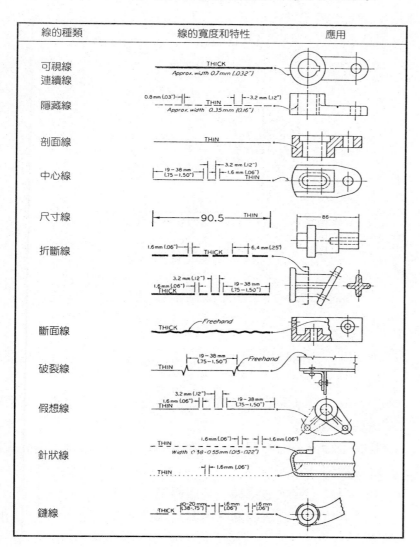

圖 14

圖 15

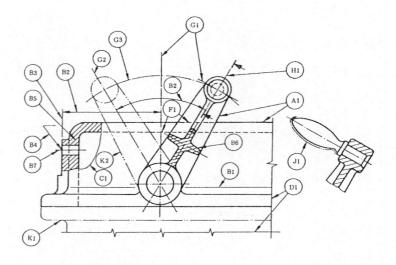

圖 16

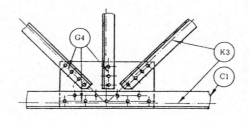

圖 17

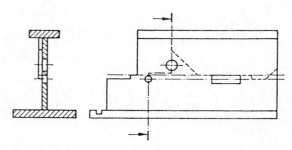

(3)針對同一圖面及相同比例的視圖，應選擇相同組合的粗細線
　 條。

(4)平行線（含剖面線）之間的最小距離不應小於粗線線寬的兩
　 倍或 0.7 mm。

(5)若有兩種以上的不同線條重疊時，應依下列順位，優先畫出
　 該類線條（表 1）。

　　a.可見輪廓線或邊緣線（連續粗線，式樣 A）。

　　b.隱藏輪廓線或邊緣線（虛線，式樣 E 或 F）。

c.割面線（細鏈線並在兩端及轉角處加粗，式樣 H）。

d.中心線及對稱線（細鏈線，式樣 G）。

e.重心線（二點細鏈線，式樣 K）。

f.尺度界線（連續細線，式樣 B）。

除了塗黑的薄剖面外，組合部分的相鄰輪廓線應重疊。

表 1

種類	式　　　　樣	粗細	畫　　　　　　　法	用　　　　　　　　　　途
實線	A——	粗	連續線	A1　可見輪廓線 A2　可見邊緣線
	B——	細	連續線	B1　交線之假想線（因圓角而消失） B2　尺度線 B3　尺度界線 B4　指線 B5　剖面線 B6　旋轉剖面的輪廓 B7　短的中心線
	C〜〜〜 D(1)	細 細	不規則連續線 帶鋸齒狀連續線，兩相對銳角約為 30°，其頂角間之距離約為 5 mm	C1　折斷線 D1　折斷線
虛線	E(2)---- F(1)---	粗 細	每段約 3〜4 mm 間隔約 1 mm	E1　隱藏輪廓線 E2　隱藏邊緣線 F1　隱藏輪廓線 F2　隱藏邊緣線
一點鏈線	G—·—	細	線長約 20 mm，中間為 1 點（或 1 mm 短線），間隔約 1 mm	G1　中心線 G2　對稱線 G3　軌跡線 G4　節徑線或多孔之中心節線
	H—·—	粗 細	同上，但兩端及轉角粗，中間細，粗線長在 10 mm 以內	H1　割面線
	J—·—	粗	畫法與式樣 G 相同	J1　表示需特殊處理的範圍
二點鏈線	K—··—	細	線長約 20 mm，中間為 2 點（或 1 mm 短線），間隔約 1 mm	K1　鄰接零件的輪廓線（假想線） K2　可動件的選擇位置及極限位置 K3　重心線 K4　成型前輪廓 K5　位於割面前之部分

(1)推薦使用。
(2)雖然有二種式樣可以選用，但對同一藍圖僅能選擇其中一種。

(6)指線末端依所指的位置而有不同：

a.指在輪廓線之內者，末端為一黑點（圖 18）。

圖 18

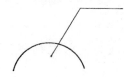

b.指在輪廓線上者，末端為一箭頭（圖 19）。

圖 19

c.指在尺度線上者，不具黑點或箭頭（圖 20）。

圖 20

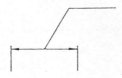

㈡字　法

　　圖面僅能表示形狀，另須用文字及數字加以註解，故字法在設計圖法中亦屬重要一環。無論中、英文字法，初學者必須先在練習紙上，按照字高、字寬、間隔及距離尺寸，畫好格子，而後書寫。即至精密程度，僅畫字高界限即可。書寫中文字、英文字母和阿拉伯數字時，由左至右，最小字高建議，如（表 2）。

1.中文字

中文字應採用正楷字體，字體高與寬之比例為 4 : 3，如（圖 21）。

表 2
字法最小字高建議

單位：mm

應　　用	圖　紙　大　小	最　　小　　字　　高		
		中文字	英文字母	阿拉伯數字
標題、圖號、件號	A0, A1, A2, A3	7	7	7
	A4	5	5	5
尺度注解	A0	5	3.5	3.5
	A1, A2, A3, A4	3.5	3.5	2.5

圖 21
中文正楷字法

直線平面
投象文字

2.英文字母與阿拉伯數字

分直式及斜式兩種；斜式傾斜角度約在 75° 左右，如（圖 22）。一

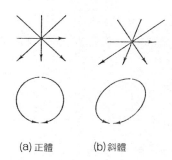

圖 22
字法基本法則

(a)正體　　(b)斜體

般圖上，英文字母都用大寫字母，而小寫字母只限用於一些特定的符號與縮寫上。另用鉛筆寫字時，用力需堅定均勻，切勿過重，致使紙上形成凹槽。為獲優美之英文字法，應把握三原則：（圖23）

(1)斜度一致。

(2)字體滿格，形式完美。

(3)字母疏密適度（圖23、24）。

圖 23
正體及斜體小寫
字母

圖 24

正體及斜體大寫
字母及阿拉伯數
字

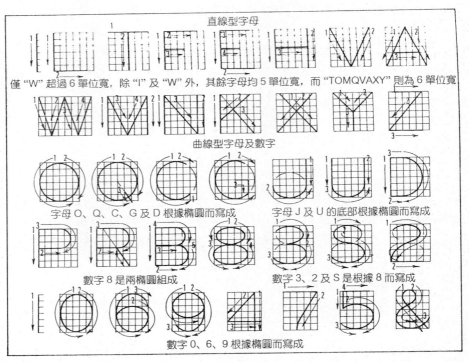

直線型字母

僅 "W" 超過 6 單位寬，除 "I" 及 "W" 外，其餘字母均 5 單位寬，而 "TOMQVAXY" 則為 6 單位寬

曲線型字母及數字

字母 O、Q、C、G 及 D 根據橢圓而寫成　　　字母 J 及 U 的底部根據橢圓而寫成

數字 8 是兩橢圓組成　　　數字 3、2 及 S 是根據 8 而寫成

數字 0、6、9 根據橢圓而寫成

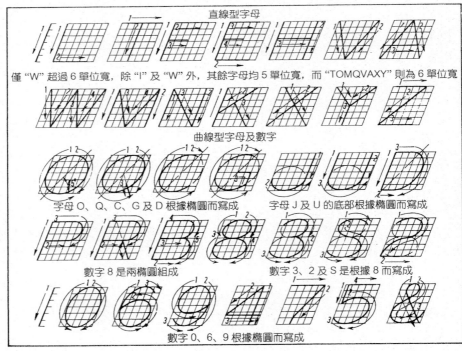

直線型字母

僅 "W" 超過 6 單位寬，除 "I" 及 "W" 外，其餘字母均 5 單位寬，而 "TOMQVAXY" 則為 6 單位寬

曲線型字母及數字

字母 O、Q、C、G 及 D 根據橢圓而寫成　　　字母 J 及 U 的底部根據橢圓而寫成

數字 8 是兩橢圓組成　　　數字 3、2 及 S 是根據 8 而寫成

數字 0、6、9 根據橢圓而寫成

2.4　尺度標示

　　設計圖、設計工作圖或機械工程圖時須標註各部尺寸，以描述產品（物品）大小、形狀或設計細節尺寸，使得製作、加工、檢驗時有所依據。

　　標註尺度使用之單位，除 mm 外均應明確註出。若以公尺為單位，則尺度數字之後須接 m，英制單位則以 ′ 及 ″ 為呎及吋標註，尺度數字不可與其他線相交如（圖 25〜29）。

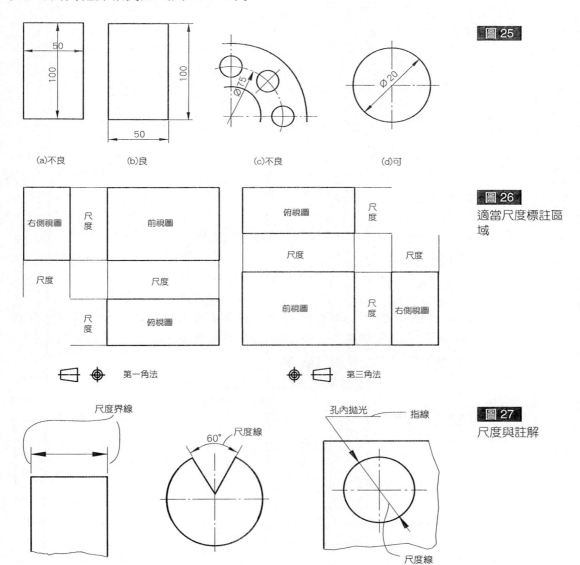

圖 25

(a)不良　　(b)良　　(c)不良　　(d)可

圖 26
適當尺度標註區域

第一角法　　　　　第三角法

圖 27
尺度與註解

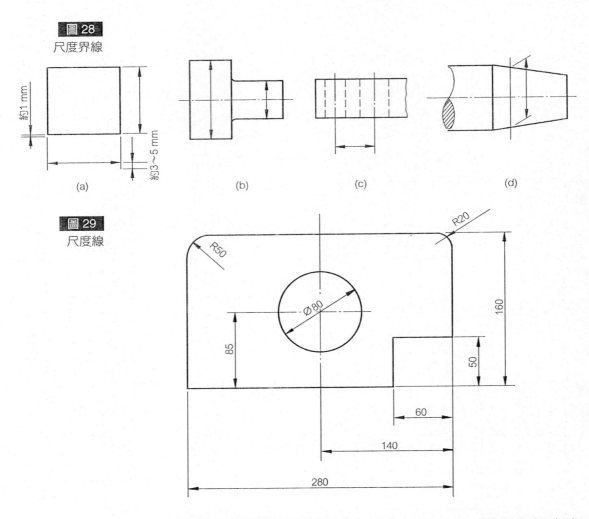

圖 28
尺度界線

(a)　　　　　　(b)　　　　　　(c)　　　　　　(d)

圖 29
尺度線

　　　尺度線與物體輪廓線之間隔約為字高之 2～3 倍,尺度線與尺度線間之距離約為字高之 2 倍, 如 (圖 30)。輪廓線、中心線及剖面線等, 不得用作尺度線, 如 (圖 31)。

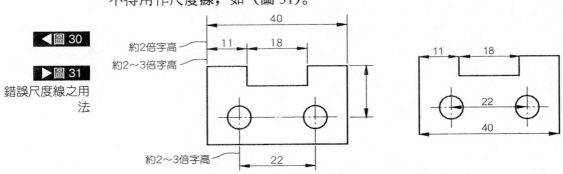

◀圖 30

▶圖 31
錯誤尺度線之用法

　　箭頭尺度如（圖 32）所示，箭頭之尖端須與尺度界線接觸，若相鄰
兩尺度之空間皆甚狹窄時，可用清楚的小黑圓點代替箭頭，如（圖 33）。

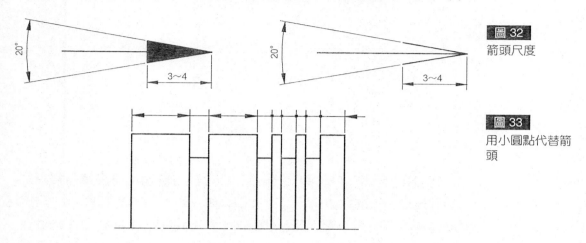

圖 32
箭頭尺度

圖 33
用小圓點代替箭頭

　　傾斜之長度尺度，其數字沿尺度線之方向書寫，如（圖 35–a）所
示，即方向以朝上、朝左為原則，若朝上與朝左互相衝突時，則以朝
上、朝右為原則，如（圖 35–b）所示。

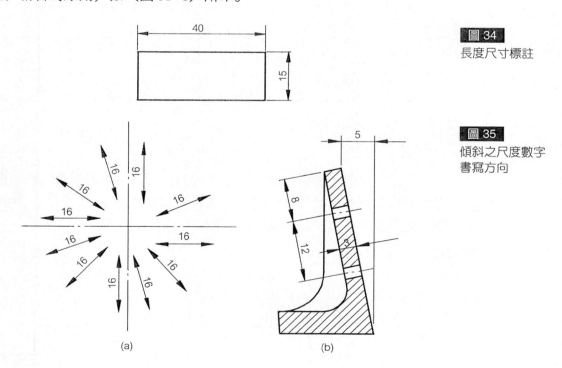

圖 34
長度尺寸標註

圖 35
傾斜之尺度數字書寫方向

(a)　　　　　(b)

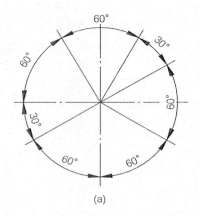
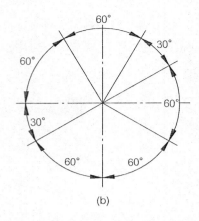

圖 36
角度尺度標註

(a)　　　　　　　　　　　　(b)

物體寬度、高度及深度之尺度，在標註時應儘量將表達兩視圖中之相同尺度，標註在該兩視圖之中間，如（圖37–a）之長度40，尺度標註在俯視圖及前視圖之間、（圖37–b）之高度尺度30，尺度標註在前視圖及側視圖之間，及（圖37–c）之寬度50，尺度標註在俯視圖與側視圖之間。

圖 37
三度尺度之標註

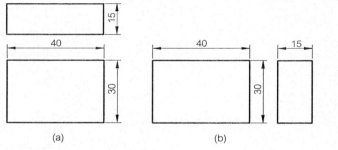
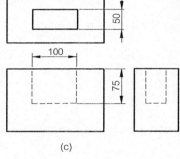

(a)　　　　　　　　　　(b)　　　　　　　　　　(c)

視圖中物體三度之全長尺度不可省略，因其為準備材料時必須參考之尺度。標註尺度時必須避免尺度線與尺度界線相交，因此，均將較長之尺度線安置於最外側，如（圖38）所示。

圖 38
全長尺度與連續
尺度

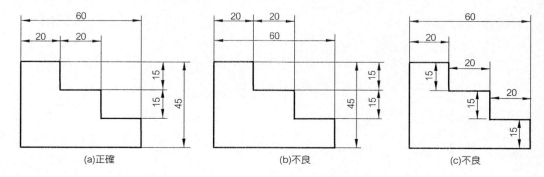

(a)正確　　　　　　　　　(b)不良　　　　　　　　　(c)不良

標註狹窄部位之尺度時，可將箭頭畫在尺度界線之外側，尺度線不得中斷，尺度數字則可寫在尺度線上方中央，或寫在箭頭之上方，如（圖39、40）所示。

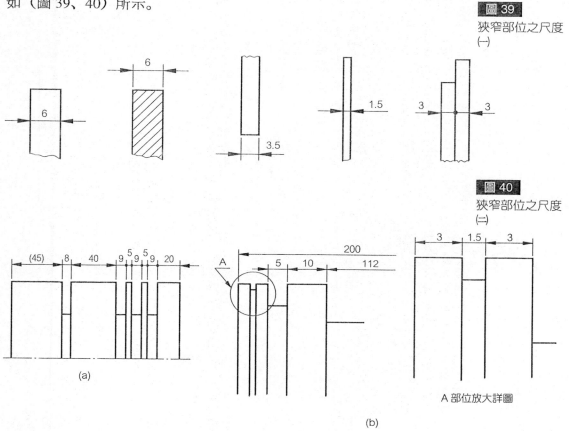

圖 39
狹窄部位之尺度
(一)

圖 40
狹窄部位之尺度
(二)

圓柱或圓孔之直徑，以標註在非圓形視圖上為原則，以避免混亂，如（圖41）所示。必要時，全圓之直徑亦可標註於圓形視圖上。標註

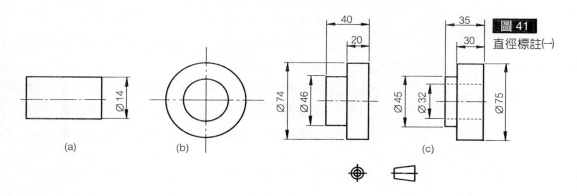

圖 41
直徑標註(一)

時若不用尺度界線，即應使尺度線通過圓心且與中心線成傾斜。若由圓周引出尺度界線，則其尺度線必須與其中心線成平行，如（圖 42）所示。

超過半圓之圓弧須標註其直徑尺度，而半圓則視情況之不同可標註直徑或半徑，其標註方法如（圖 43）所示。

圖 42
直徑標註(二)

圖 43
直徑標註(三)

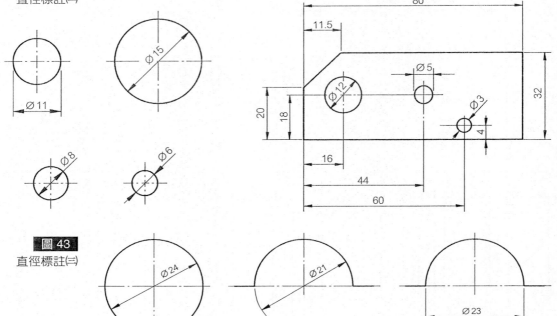

圖 44
半徑符號

R

圓弧之半徑尺度必須標註在實形視圖上，半徑符號寫在尺度數字之前方，如（圖 45）所示。尺度線以畫在圓弧與圓心之間為原則，只有一個箭頭通常由圓心向外，但圓弧內空間不足時，也可將尺度線延長或畫在圓弧之外側，尺度線必須通過或對準圓心，如（圖 46）所示。

圓弧之半徑甚大時，則可將半徑標註之尺度線縮短，但尺度線仍須對準圓心畫出之，如（圖 47）所示。

圓弧之半徑甚大而且必須註出圓心位置時，可將尺度線作 90° 轉折，帶箭頭之一段尺度線必須對準原來圓心畫出，另一段尺度線則與前段平行並與圓弧之中心線相交，尺度數字註在帶箭頭之尺度線上，如（圖 48）所示。

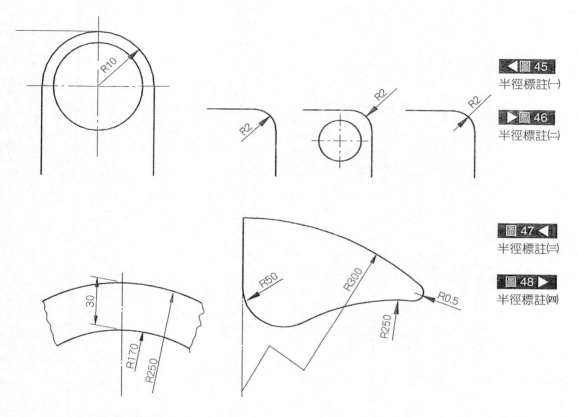

◀ 圖 45
半徑標註(一)

▶ 圖 46
半徑標註(二)

圖 47 ◀
半徑標註(三)

圖 48 ▶
半徑標註(四)

1.不規則曲線標注

不規則之曲線，無法用直徑尺度或半徑尺度標註其形狀尺度。通常均將曲線區分成若干定點，然後用直角座標法或極座標法標註各定點之位置尺度，如（圖49）所示。

2.一般位置尺度

通常，平面形態之位置尺度，應標註於該平面上。圓或圓弧形態之位置尺度，應標註其圓心點之位置如（圖50-a）所示，但有時為檢驗程序上之方便，亦可標註於圓弧之邊緣，尤其是衝壓成形之機件，如（圖50-b）所示，但絕大多數機械加工無法使用（圖50-b）的方式。

如有多個相同方向之位置尺度時,應利用基準面或基準線標註法，如（圖51-a）所示，不影響機件之功能時亦可使用連續尺度標註法，如（圖51-b）所示。

圖 49

不規則曲線標註

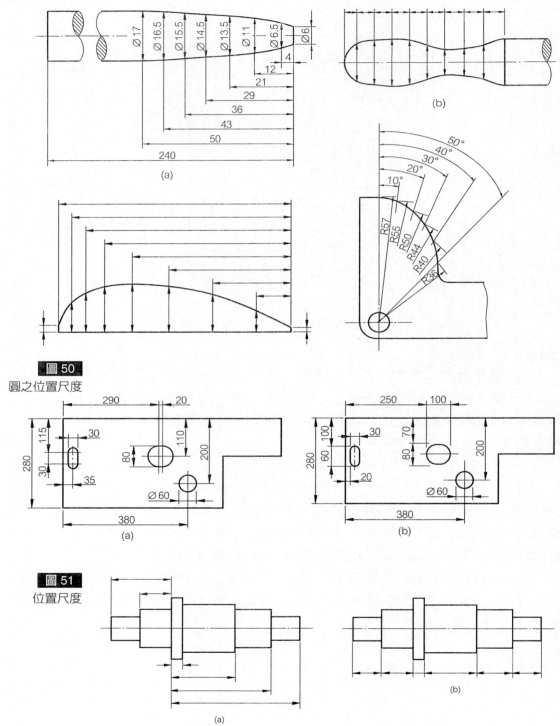

(a)

(b)

圖 50

圓之位置尺度

(a)

(b)

圖 51

位置尺度

(a)

(b)

2.5 圖面規格

㈠圖紙大小

標準圖紙有 A、B 兩種大小規格的尺寸，係採用 CNS5 標準規定，橫式及縱式均適用，其裁妥尺寸如（圖52）。即令 A_0 的面積為 $1 m^2$，長邊為短邊的 $\sqrt{2}$ 倍，而得 A_0 的長邊 y=1189 mm，短邊 x=841 mm，A_1 的面積為 A_0 的一半，A_2 的面積為 A_1 的一半，餘類推如（表3）所示。

若需用較 A_0 更大的圖紙，一般以延伸 A_0 之橫邊成狹長格式，延伸量依需要以 A_4 之長邊尺寸 (297 mm) 為單位，倍數遞增，如（圖52）。

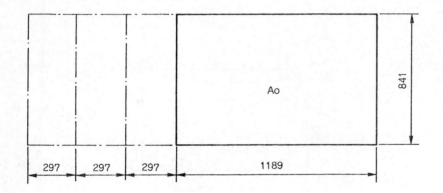

圖 52
延伸 A_0 之橫邊
狹長式圖紙

表 3
圖紙尺度

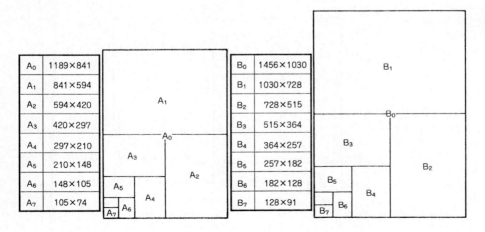

A_0	1189×841
A_1	841×594
A_2	594×420
A_3	420×297
A_4	297×210
A_5	210×148
A_6	148×105
A_7	105×74

B_0	1456×1030
B_1	1030×728
B_2	728×515
B_3	515×364
B_4	364×257
B_5	257×182
B_6	182×128
B_7	128×91

(二)摺圖法

1.製訂式

所謂裝訂式摺圖法係指所有尺寸的圖紙均摺成 A_4 尺寸，並保留裝訂邊，如（圖 53），而各尺寸圖紙的摺圖法參照（圖 54～57）。

297
185
210

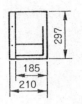

◀圖 53
裝訂式摺圖法摺成最後 A_4 尺寸

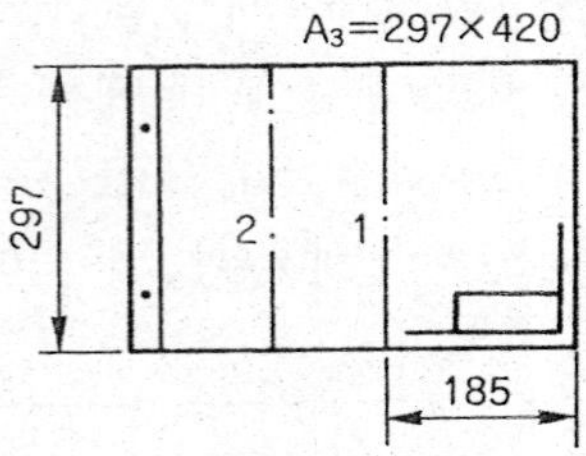

A₃=297×420
297
2
1
185

▶圖 54
A_3 裝訂式摺圖

105
A₂=420×594
摺圖記號
2
4
297
1
3
210
摺圖記號

圖 55
A_2 裝訂式摺圖

105
A₁=594×841
2
摺圖記號
6
297
1
5
4
3
210
摺圖記號
185
185

圖 56
A_1 裝訂式摺圖

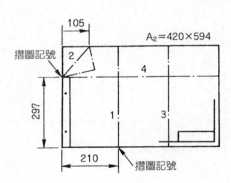

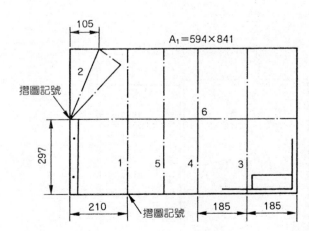

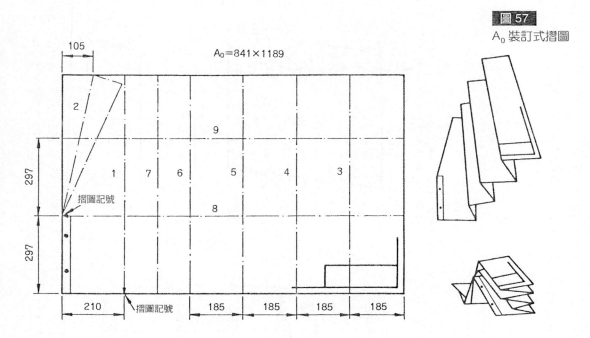

圖 57
A_0 裝訂式摺圖

2.檔案式

所謂檔案式摺圖法係指所有尺寸的圖紙均摺成 A_4 尺寸,橫放於檔案夾內,亦可用於藍圖出圖用。而各尺寸的摺圖法參見 (圖 58～61)。

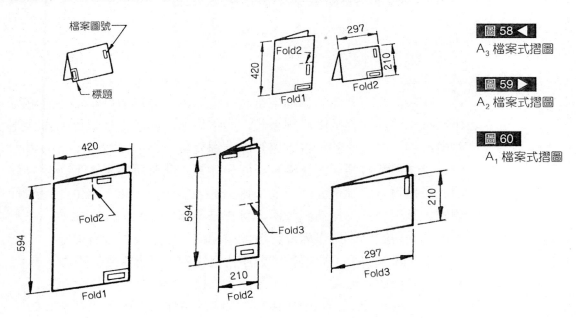

圖 58 ◀
A_3 檔案式摺圖

圖 59 ▶
A_2 檔案式摺圖

圖 60
A_1 檔案式摺圖

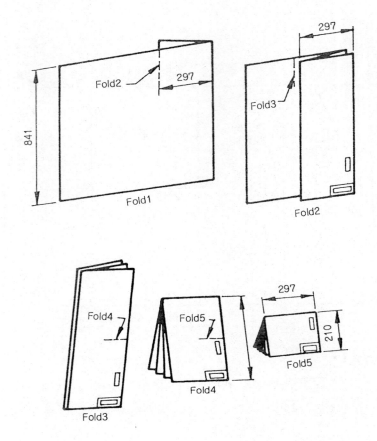

圖 61
A₀ 檔案式摺圖

2.6　製圖順序

　　一般而言，製圖的過程中是有一定順序、程序的；當由各定位的中心線或各零組件的中心線畫起，而後再標示出所欲製圖目的物的外線輪廓線，在此之前所畫之鉛筆線宜細而輕。之後再畫出所有的中心線、基準線及各視圖的實線及必要尺寸等，此時可擦拭去不必要的細線。最後再畫出其他孔、穴及未畫出的各部分。若能大略依此程序而製圖，圖面必能保持清爽乾淨，且有條不紊，使製圖效率加快，並大大的提高製圖的準確可靠度，對於繪圖此語言的溝通大有俾益。

　　如（圖 62）為一典型製圖順序代表實例，所繪製目的物為一 C 型夾，讀者經比對該圖中上、下兩圖後，應可體會：

　　⑴先畫出 C 型夾的中心吻合線及各零組件的各視圖方向的中心線，此時以細線打稿。

(2)以細線繪出各視圖外型的基準線，此時約可勾勒出製圖目的
　　物的輪廓。

(3)以實線繪出 C 型夾之各中心線、基準線、各視圖外型輪廓線，
　　加上必要的尺寸說明。同時可去除不必要的打稿鉛筆細線。

(4)畫出各孔、穴的圓洞或以直線將其畫出。

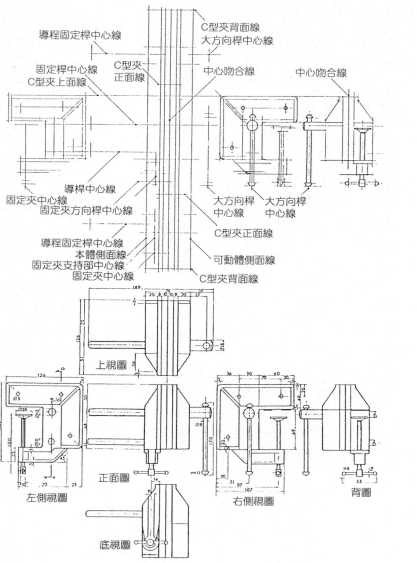

圖 62
製圖的順序

※參考定松修三、定松潤子共著デザイン表示圖法入門，p. 47，昭和五十七年。

2.7 加工符號及其他記號

本節所適用於表面加工情況的表示符號，加以標明其加工方法及粗糙程度(註)。另章末並提出其他如建築及傢俱等繪圖時的簡要記號。

(一)表面符號的組成

1.各部分之名稱及書寫位置

表面符號以基本符號為主體，在其上可加註下列各項：

(1)切削加工符號。

(2)表面粗糙度。

(3)加工方法的代號。

(4)刀痕方向符號。

(5)加工裕度。

(6)基準長度。

以上各項之書寫位置如（圖 63），有必要再加註即可。

圖 63

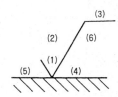

2.基本符號

(1)意義：基本符號用以指出表面符號所標示之表面並界定如（圖 64）之位置，無任何加註之基本符號，毫無意義不可使用。

(2)形狀：基本符號認識，如（圖 64），頂點需與代表加工面之線或延長線接觸。

圖 64

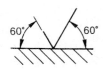

註：本節主要摘錄自工業技術研究院機械所出版之《機械製圖標準》第九章。

(3)大小及粗細：表面符號中之線條用細實線。數字、文字及刀
　　痕方向符號之粗細與尺度數字相同為原則。而表面符號之各
　　部分大小比例，如（圖 65～67），相關尺度如（表 4）。

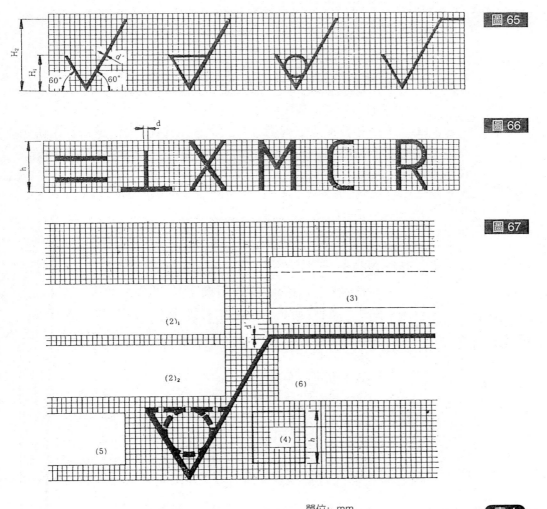

圖 65

圖 66

圖 67

單位：mm

表 4
表面符號相關尺
度（兩組可用）

字母或代號高度 (h)	3.5	5
字母或代號線厚 (d)	0.25	0.35
表面符號線厚 (d')	0.35	0.5
表面符號左側高 (H_1)	5	7
表面符號右側高 (H_2)	10	14

3.切削加工符號

(1)若所指之面必須予以切削加工,則在基本符號上加一短橫線,如 (圖 68)。

圖 68

(2)不得切削加工之表面, 則在基本符號上面加一小圓與 V 字形兩邊相切, 如 (圖 69)。

(3)基本符號若不加上列兩種符號之任一種,則表示是否採用切削加工不予限定,但此種基本符號上至少必須加註表面粗糙度。

圖 69

4.表面粗糙度

(1)表面粗糙度有①中心線平均粗糙度 R_a。②最大粗糙度 R_{max}。③十點平均粗糙度 R_z 等三種。各等級例如 (表 5) 以供參考。

表 5

表 面 情 況	基準長度	說　　　　　　　　　明	表面粗糙度		
			R_a	R_{max}	R_z
超光面	0.08	以超光製加工方法,加工所得之表面,其加工面光滑如鏡面。	0.010a	0.040S	0.040Z
			0.012a	0.050S	0.050Z
			0.016a	0.063S	0.063Z
			0.020a	0.080S	0.080Z
			0.025a	0.100S	0.100Z
			0.032a	0.125S	0.125Z
			0.050a	0.20S	0.20Z
			0.063a	0.25S	0.25Z
			0.080a	0.32S	0.32Z
			0.100a	0.40S	0.40Z
			0.125a	0.50S	0.50Z
			0.160a	0.63S	0.63Z
	0.25		0.20a	0.80S	0.80Z
精切面	0.8	經一次或多次精密車、銑、磨光、搪光、研光、擦光、拋光或刮絞、搪等有屑切削加工法所得之表面幾乎無法以觸覺或視覺分辨出加工之刀痕, 較細切面光滑。	0.25a	1.0S	1.0Z
			0.32a	1.25S	1.25Z
			0.40a	1.6S	1.6Z
			0.50a	2.0S	2.0Z
			0.63a	2.5S	2.5Z
			0.80a	3.2S	3.2Z
			1.00a	4.0S	4.0Z
			1.25a	5.0S	5.0Z
			1.60a	6.3S	6.3Z

細切面	2.5	經一次或多次較精細車、銑、刨、磨、鑽、搪、絞或銼等有屑切削加工所得之表面以觸覺試之,似甚光滑,但由視覺仍可分辨出有模糊之刀痕,故較粗切面平滑。	2.0a 2.5a 3.2a 4.0a 5.0a 6.3a	8.0S 10.0S 12.5S 16S 20S 25S	8.0Z 10.0Z 12.5Z 16Z 20Z 25Z
粗切面	8	經一次或多次粗車、銑、刨、磨、鑽、搪或銼等有屑切削加工所得之表面,能以觸覺及視覺分辨出殘留有明顯之刀痕。	8.0a 10.0a 12.5a 16.0a 20a 25a	32S 40S 50S 63S 80S 100S	32Z 40Z 50Z 63Z 80Z 100Z
光胚面	不予規定	一般鑄造、鍛造、壓鑄、輾軋、氣焰或電弧切割等無屑加工方法所得之表面,必要時尚可整修之毛頭,惟其黑皮胚料仍可保留。	32a 40a 50a 63a 80a 100a 125a	125S 160S 200S 250S 320S 400S 500S	125Z 160Z 200Z 250Z 320Z 400Z 500Z

(2)由於 CNS 標準採用「中心線平均粗糙度」,數字後不加註單位亦不加註 "a" 字。而表面粗糙度亦可用「粗糙度等級」標示,數字前需加一 "N" 字。兩者之對照表如（表 6）。

(3)寫法:可用單一數值表示表面粗糙度最大限界,如（圖 70）。亦可用兩組數字上下並列,以示粗糙度之最大限界及最小限界,如（圖 71）。

表 6

粗糙度等級	N12	N11	N10	N9	N8	N7	N6	N5	N4	N3	N2	N1	–
中心線平均粗糙度 $R_a(\mu m)$	50	25	12.5	6.3	3.2	1.6	0.8	0.4	0.2	0.1	0.05	0.025	0.0125

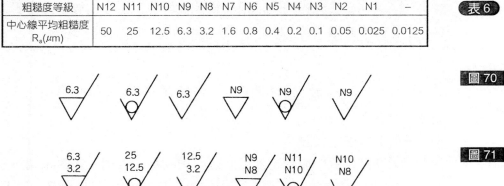

圖 70

圖 71

5.基準長度

(1)數值:各種不同加工方法所能達到的中心線平均粗糙度之最適宜的基準長度,如（表 7）。

表7

加 工 方 法	基 準 長 度					
	0.08	0.25	0.8	2.5	8.0	25.0
銑　　　削			●	●	●	
鏜　　　孔			●	●	●	
車　　　削			●	●		
輪　　　磨		●	●	●		
刨削(牛頭刨床)			●	●	●	●
刨削(龍門刨床)				●		
絞　　　孔			●	●		
拉　　　削			●	●		
鑽石刀搪孔		●	●			
鑽石刀車削		●	●			
搪　　　光	●	●	●			
研　　　光	●	●	●			
超　　　光	●	●	●			
擦　　　光	●	●	●			
拋　　　光	●	●	●			
亮　　　光				●		
放　電　加　工			●	●		
引　　　伸			●	●		
擠　　　製				●		

(2)寫法：基準長度，寫在（圖63）位置，且必須與表面粗糙度對齊，如（圖73）。但如同表面粗糙度標明上下限界而兩限界之基準長度相同時，則僅寫一個且對正表面粗糙度兩限界之中間，如（圖72）。

圖72 ◀

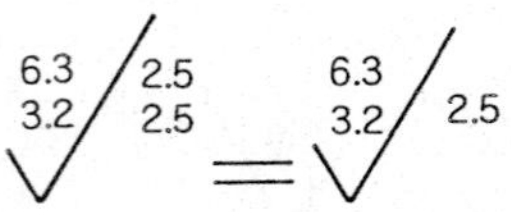

圖73 ▶

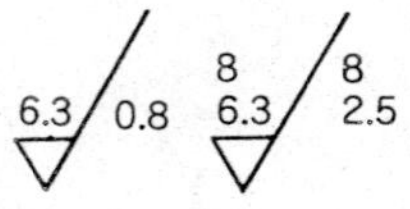

6.加工方法之代號

(1)書寫位置：如指定加工方法，則在基本符號長邊的末端加一短線，在其上方（圖63）加註加工方法代號，如（圖74、75）。

圖74 ◀

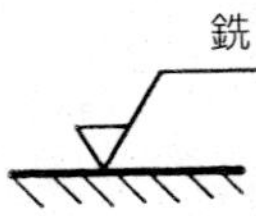

圖75 ▶

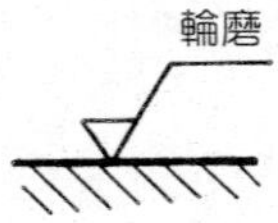

(2)代號種類：各種不同加工方法之代號標註，如（表 8）。

表8

項目	加　工　方　法	代　號	項目	加　工　方　法	代　號
1	車削 (Turning)	車	19	鑄造 (Casting)	鑄
2	銑削 (Milling)	銑	20	鍛造 (Forging)	鍛
3	刨削 (Planing Shaping)	刨	21	落鎚鍛造 (Drop Forging)	落　鍛
4	鏜孔 (Boring)	鏜	22	壓鑄 (Die Casting)	壓　鑄
5	鑽孔 (Drilling)	鑽	23	超光製 (Super Finishing)	超　光
6	絞孔 (Reaming)	絞	24	鋸切 (Sawing)	鋸
7	攻螺紋 (Tapping)	攻	25	焰割 (Flame Cutting)	焰　割
8	拉削 (Broaching)	拉	26	擠製 (Extruding)	擠
9	輪磨 (Grinding)	輪　磨	27	壓光 (Burnishing)	壓　光
10	搪光 (Honing)	搪　光	28	抽製伸 (Drawing)	抽　製
11	研光 (Lapping)	研　光	29	衝製 (Blanking)	衝　製
12	拋光 (Polishing)	拋　光	30	衝孔 (Piercing)	衝　孔
13	擦光 (Buffing)	擦　光	31	放電加工 (E. D. M.)	放　電
14	砂光 (Sanding)	砂　光	32	電化加工 (E. C. M.)	電　化
15	滾筒磨光 (Tumbling)	滾　磨	33	化學銑 (C. Milling)	化　銑
16	鋼絲刷光 (Brushing)	鋼　刷	34	化學切削 (C. Machine)	化　削
17	銼削 (Filing)	銼	35	雷射加工 (Laser)	雷　射
18	刮削 (Scraping)	刮	36	電化磨光 (E. C. G.)	電化磨

7.刀痕方向符號

(1)切削加工之表面，若必須指定刀具之進給方法時，不論表面
　　上能否看出刀痕，皆須加註刀痕方向符號，如非確有必要，
　　不必指定各種刀痕方向符號之種類，如（表 9）。

表9

符號	說　　　　　　明	圖例（第三角法）
=	刀痕之方向與其所指加工面之邊緣平行	
⊥	刀痕之方向與其所指之加工面邊緣垂直	
×	刀痕之方向與其所指加工面之邊緣成兩方向傾斜交叉	

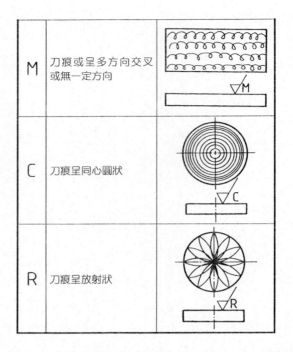

M	刀痕或呈多方向交叉或無一定方向	
C	刀痕呈同心圓狀	
R	刀痕呈放射狀	

(2)刀痕方向符號僅用於必須切削加工之表面，其刀痕方向有多種可能，而必須指定為某一種者，如（圖 76、77–a）。若僅有一種可能，則不必加註，如（圖 77–b）。

圖 76

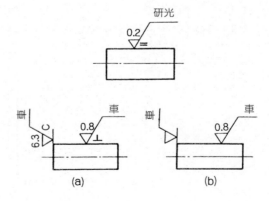

圖 77

（a） （b）

8.加工裕度

(1)加工裕度之數值 (mm) 指表面加工時所切除材料之大約厚度。

(2)加註方法如（圖 78）。

圖 78

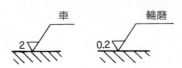

㈡標註方法

1.標註位置

(1)表面符號以標註在機件工作圖之各加工面上為原則，同一機件上不同表面的符號，可分別標註在不同視圖上，但不得遺漏或重複，如（圖 79）。

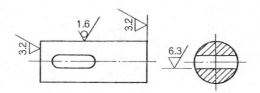

圖 79

(2)表面符號不宜標註於圖形之輪廓線內，如（圖 80）。但可標註於孔或槽內，如（圖 81）。

◀圖 80

 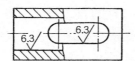

▶圖 81

(3)表面符號應標註於最易識別的視圖上以免混淆，如（圖 82）。

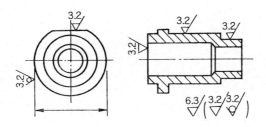

圖 82

2.圓柱、圓錐或孔之表面符號標注法

(1)圓柱、圓錐或孔等之表面符號應標註在其任一邊或其延長線上，不可重複，如（圖 83）。

圖 83

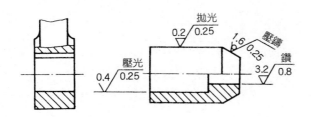

(2)圓柱、圓錐或孔之表面符號，以標註在非圓形視圖上為原則，
如（圖83）。但必要時，亦可標註在其圓形視圖上，如（圖82）
及（圖84）。

圖 84

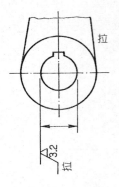

3.標註方向

(1)表面符號的標註方向，原則上朝上及朝左，如（圖85），或依
（圖86-a）的方式標注。

(2)若加工表面為傾斜面時，表面符號的方向仍應垂直於代表加
工面的線，如（圖86-b）。

圖 85

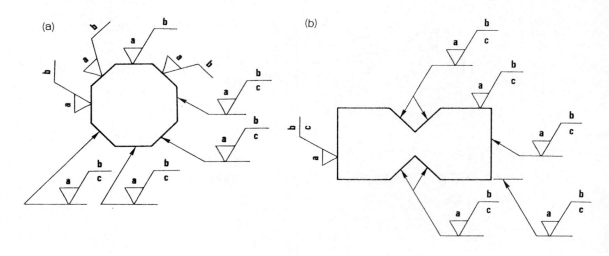

圖 86

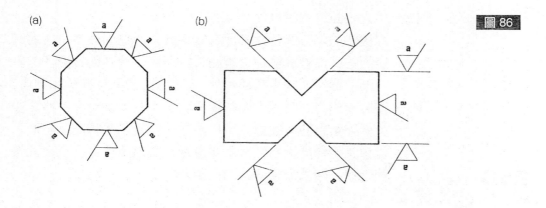

(3)若代表加工面之線為曲線，可選擇適當之位置標註表面符號，
　　如（圖 87）。

圖 87

4.表面符號的省略

(1)表面符號完全相同之二個或二個以上之加工面，可用一個指
　　線分出二個或二個以上之指示端，分指在不同之加工面上，
　　如（圖 88）。若指示端不指在加工面上，則可指在加工面之延
　　長線上，如（圖 89）。

圖 88

圖 89

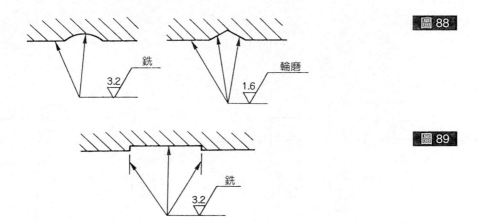

(2)公用之表面符號標註法：

　　a.同機件上，各部位之表面符號相同，而無例外者，可將其表面符號標註於機件之視圖外，圖紙右邊，如（圖90）。

　　b.若同一機件上除少數部位外，大部分之表面符號均相同者，則將此相同之公用表面符號標註於視圖外圖紙之右邊。少數例外之表面符號仍分別標註在各視圖中之相關加工面。並依其粗糙度之粗細（由粗至細）順序標註在公用表面符號之後，兩端加括弧，如（圖91）。

圖90

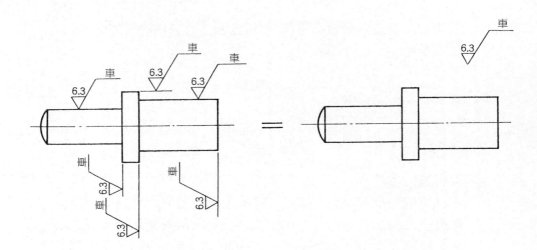

圖91

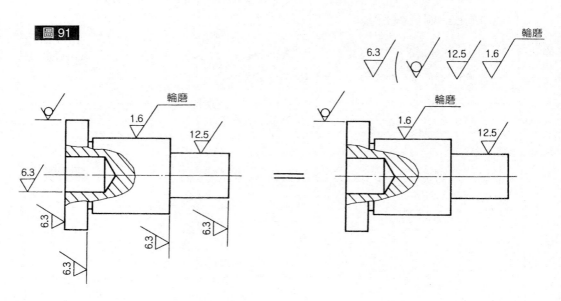

5.分段不同加工之表面符號標註法

機件上之同一部位，需分段作不同情況之加工者，則用兩個不同之表面符號分別標註，如（圖 92）。

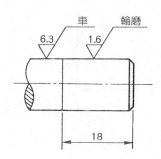

圖 92

6.表面處理之表面符號標註方法

機件上之某一部位須作表面處理者，則用粗鏈線表示其範圍。將處理前之表面符號標註在原表上，處理後之表面符號則標註在鏈線上，並註明表面處理方法，如（圖 93）。

圖 93

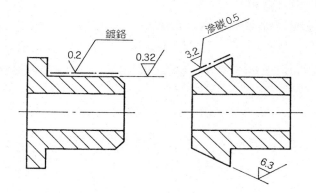

7.使用代號的標註方法

表面符號較多者，可用代號分別標註在各加工表面上或其延長線上，而將各代號與其所代表之實際表面符號並列在圖右邊，如（圖 94）。

8.避免事項

標註表面符號應選擇恰當位置，避免與其他線條交叉，致使其他線條切斷讓開，如（圖 95）。

圖 94

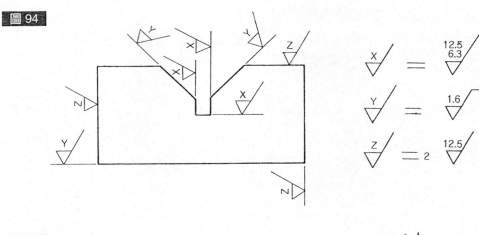

圖 95

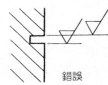
錯誤

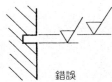
錯誤

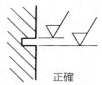
正確

9.常用機件之表面符號標註法

(1)螺紋繪成螺紋輪廓者，其螺紋之表面符號應標註在螺紋之節線上，或其延長線上，如（圖96）。螺紋以習用畫法繪成者，其表面符號標註在外螺紋之大徑線上，或內螺紋之小徑線上，如（圖97）。

圖 96

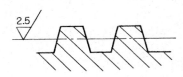

圖 97

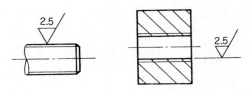

(2)齒輪之輪齒如繪製其實際形狀者,則其表面符號標註在節圓、節線或其延長線上,如(圖98)。若以習用表示法繪製之齒輪,其表面符號應標註在節圓、節線或其延長線上，如（圖99、100）。

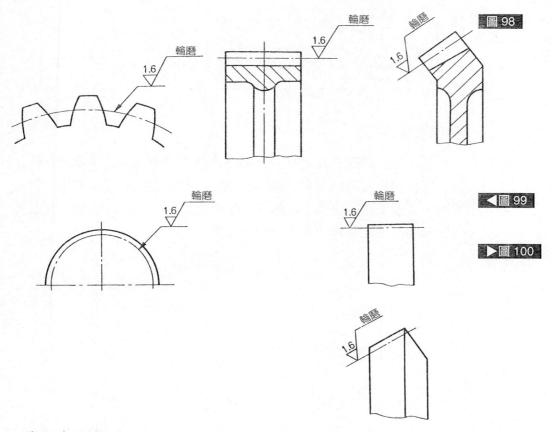

輪磨

圖 98

◀ 圖 99

▶ 圖 100

㈢舊有表面符號

為適應 CNS 標準之使用，舊有符號所代表之意義及對照，如 (表 10) 以供習者參考。

表 10

表　面　符　號	名　稱	說　　　明	加　工　例	相當表面粗糙度 R_a 之範圍
（毛胚面符號）	毛胚面	自然面	壓延、鍛鑄等	125 以上
（光胚面符號）	光胚面	平整胚面	壓延、精鑄、模鍛等	32～125
（粗切面符號）	粗切面	刀痕可由觸覺及視覺明顯辨認者	銼、刨、銑、車、輪磨等	8.0～25
（細切面符號）	細切面	刀痕尚可由視覺辨認者	銼、刨、銑、車、輪磨等	2.0～6.3

	精切面	刀痕隱約可見者	銼、刨、銑、車、輪磨等	0.25～1.60
	超光面	光滑如鏡者	超光、研光、拋光、搪光等	0.070～0.20

㈣其他記號

於其他行業別，非機械元件設計者，亦常會使用其專業的共同記號，以使同業間溝通順利，並可避免圖面及圖說的混淆，不論在其設計圖、表現圖或精描圖上，均可隨時應用到，如（表11）及（表12）分別為建築業及家具業常用之設備記號。

表11

家具設備記號		
桌子	壁爐	郵筒
書桌	單人床	郵箱
椅子	雙人床	配線管 E: 電氣 A: 空氣 S: 衛生
椅子	棚架	起重機
板凳	爐臺	載人電梯
沙發	冷藏庫	載貨電梯
長型鋼琴	水槽	縫紉機
平型鋼琴	流理臺	鏡臺
衣帽架	窗戶	

表 12

2.8 公　差

任何機件之加工均甚難成一定之絕對尺寸，即使有可能亦相當費時，且甚容易失敗而成不合格品，故應該予以一合理之變動範圍，此一合理的容許變動範圍稱為公差。一般機件直徑若標示 $\varnothing15$ 及 $\varnothing21$，甚不合理，因其各表示 $\varnothing15\pm0$ 及 $\varnothing21\pm0$ 之意，如予以合理的變動範圍如 $\varnothing15\pm0.015$ 及 $\varnothing21\pm0.018$ 則必為一般人所接受，此 ±0.015 及 ±0.018 即稱為該尺寸之公差。

㈠配　合

如車輛之車輪與車軸一般均分開製作，然後車輪之孔需與車軸相配合使連成一體。這種孔與軸互相配合之關係稱為配合 (Fit)。機械中採用配合關係之處頗多，或為鬆配合，或為緊配合，或為不緊不鬆等鬆緊不同的程度罷了。而上述之配合關係均為公差尺寸的應用，需視實際需要而定其公差，以得需要之配合關係，如（圖 101）所示。

㈡公差配合之名詞：如（圖 101、102）

(1)公稱尺寸 (Nominal size)：係標記在圖上，用以代表其大小或一般稱呼之尺寸。

(2)實際尺寸 (Actual size)：機件製造完成後，經量具實測度量所獲得之實際數值。

圖 101
配合圖示

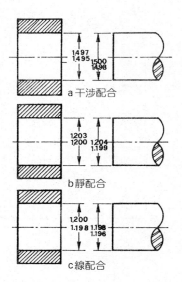

a 干涉配合

b 靜配合

c 線配合

圖 102
名詞解釋圖例

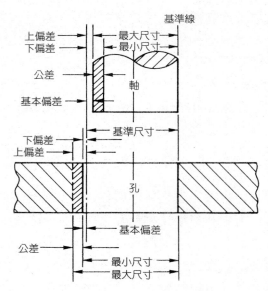

(3)基準尺寸 (Basic size)：係作為決定尺寸極限之一種參考尺寸。

(4)極限尺寸 (Limit size)：係尺寸大小之極限，為機件可容許之最大或最小尺寸，而實際尺寸則必須在此兩者之間。

(5)最大極限尺寸 (Max. limit of size)：二個極限尺寸中之最大尺寸。

(6)最小極限尺寸 (Min. limit of size)：二個極限尺寸中之最小尺寸。

(7)偏差 (Deviation)：極限尺寸與基準尺寸之差。

(8)上偏差 (Upper deviation)：最大極限尺寸與基準尺寸之差。

(9)下偏差 (Lower deviation)：最小極限尺寸與基準尺寸之差。

(10)實際偏差 (Actual deviation)：實際尺寸與基準尺寸之差。

(11)基準線 (Zero line)：係在說明極限與配合圖中，用以表示偏差為零之直線，並代表基準尺寸，習慣上基準線均畫成水平線，其上方者表示正偏差，下方者為負偏差。

(12)公差 (Tolerance)：機件容許變動之差異，為最大與最小極限尺寸之差。

(13)公差區 (Tolerance zone)：又稱公差帶或公差範圍，為公差說明圖中，代表最大與最小極限尺寸之直線間之面積，此二直線之距離即為公差之大小。

(14)配合 (Fit)：為互相配合之二個機件在裝配前尺寸差異之關係。

(15)軸 (Shaft)：習慣上用以表示外部尺寸，並包括非圓形之機件。

(16)孔 (Hole)：習慣上用以表示內部尺寸，並包括非圓形之機件。

(17)餘隙 (Clearance)：當孔大於其配合之軸時，孔與軸之尺寸差。

(18)最大餘隙 (Max. clearance)：孔之最大尺寸與軸之最小尺寸差。

(19)最小餘隙 (Min. clearance)：孔之最小尺寸與軸之最大尺寸差。

(20)干涉 (Interference)：當軸大於其配合孔時，孔與軸之差為負值。

(21)最大干涉 (Max. interference)：孔之最小尺寸與軸之最大尺寸之差。

(22)最小干涉 (Min. interference)：孔之最大尺寸與軸之最小尺寸之差。

⒇容差 (Allowance)：相配件在最大材料極限所期望之差異，即配合件間之最小餘隙或最大干涉，又稱裕度。

㈢配合的方式與基準

在配合的工作上，為方便起見，一般均將孔或軸之任一方作為基準，故有孔基準方式與軸基準方式等二種；前者稱基孔制 (Basic hole system)，後者稱基軸制 (Basic shaft system)，如（圖 103）。

圖 103
基孔制與基軸制
配合

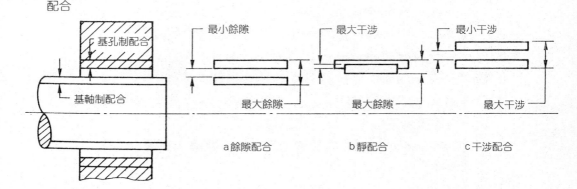

a 餘隙配合　　　　　　b 靜配合　　　　　　c 干涉配合

㈣單向公差與雙向公差

1.單向公差 (Unilateral tolerance)

係公差尺寸之一種表示方法，單向公差為基本尺寸於同側加或減一變量所成之公差，一般習慣上，正數標位在基準尺寸之右上方，如 $24.00^{+0.02}$，負數標位在基準尺寸之右下方，如 $24.00_{-0.02}$，亦有正數負數同時標注在基準尺寸之右上方及右下方者，如 $24.00^{+0.03}_{+0.02}$ 或 $24.00^{+0.03}_{-0.02}$。

2.雙向公差 (Bilateral tolerance)

亦為公差尺寸之一種表示法，雙向公差係由基準尺寸於兩側同時加減而得之公差。一般在習慣上，如加減同一數值，則均如 24.00 ± 0.02 表示之。如加減之數值不等，則在基準尺寸之右上或右下方分別予以加減之，如 $24.00^{+0.03}_{-0.01}$。

㈤配合種類

兩配合件相互間之配合關係可以座別表示，即孔與軸間之餘隙或干涉之情況可由座別而定，即按餘隙配合、靜配合及干涉配合之關係順序分為轉合座、靜合座及壓合座等三大類。

(1)轉合座：兩配合件之間有充分之餘隙，予以扭轉即發生相對運動。

(2)壓合座：兩配合件之間須以機器壓入或熱套法行之。

(3)靜合座：兩配合件之間有微小之餘隙或干涉，因此能在配合時發生相當之壓力，依其程度尚可分成下列數種：

　a.滑合座：兩配合件加潤滑劑後可以手推滑入裝配之。

　b.推合座：兩配合件之分合可用手鎚行之。

　c.輕迫合座：兩配合件之分合不用大力，以手鎚輕輕為之。

　d.迫合座：兩配合件之分合需以壓力行之。

㈥基本公差（表 13）

（單位：$\mu=0.001$ mm）

表 13
基本公差

等級＼區分	0〜3	3〜6	6〜10	10〜18	18〜30	30〜50	50〜80	80〜120	120〜180	180〜250	250〜315	315〜400	400〜500
IT5　5級	4	5	6	8	9	11	13	15	18	20	23	25	27
IT6　6級	6	8	9	11	13	16	19	22	25	29	32	36	40
IT7　7級	10	12	15	18	21	25	30	35	40	46	52	57	63
IT8　8級	14	18	22	27	33	39	46	54	63	72	81	89	97
IT9　9級	25	30	36	43	52	63	74	87	100	115	130	140	155
IT10　10級	40	48	58	70	84	100	120	140	160	180	210	230	250

　　表示製品之精度與所需公差之大小，以數字區分之，計有 20 級。級數小者，其公差數字較小；級數大者，公差數值亦大。製品之精度相同者，公差之級數相同，但其公差則因製品直徑之大小而不同，此種關係各國均定為標準而成標準公差，而且均以 ISO (International Standard Organization) 為藍本制定，如等級為 4 之基本公差，稱為國際公差 4 級，簡稱 IT4。一般 IT1〜IT4 應用於量規製造；IT5〜IT6 應用於精度較差之量規；IT7〜IT11 應用於一般機件配合；IT12〜IT16 應用於拉製軋製品公差。

㈦公差符號

　　公差的符號以公差之級數及位置表之，位置用英文字母，孔公差用大寫，軸公差用小寫，級數用阿拉伯數字表之。H 表基孔制之孔公差，下偏差在基準線上。h 表基軸制之軸公差，上偏差在基準線上，其餘 A、B、C、D、E、F、G 及 a、b、c、d、e、f、g 用於餘隙配合及轉合座。J、K、M、N 及 j、k、m、n 用於靜配合之各種座別。P、R、S、T、U、V、X、Y、Z 及 p、r、s、t、u、v、x、y、z 則用於緊配合之壓合座，如（表 14）所示。

同時，符號表示時，位置不變，等級愈小，公差愈小，要求愈嚴。

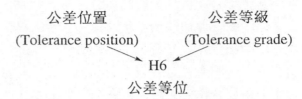

公差位置　　　　　　　公差等級
(Tolerance position)　　(Tolerance grade)
H6
公差等位
(Tolerance class or Tolerance quality)

表 14
公差符號

餘隙配合	靜　　配　　合				緊　　配　　合
	靜　合　座				
轉合座	滑合座	推合座	輕迫合座	迫合座	壓合座
7 種	1 種	1 種	1 種	2 種	9 種
孔 A、B、C、D、E、F、G	孔 H	孔 J	孔 K	孔 M N	孔 P、R、S、T、U、V、X、Y、Z
軸 a、b、c、d、e、f、g	軸 h	軸 j	軸 k	軸 m n	軸 p、r、s、t、u、v、x、y、z

I、L、O、Q、W 除外

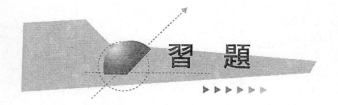

習　題

▶▶▶▶▶▶

1. 用八開圖紙，進行線的練習，先用鉛筆線描繪如圖後並加以上墨線。

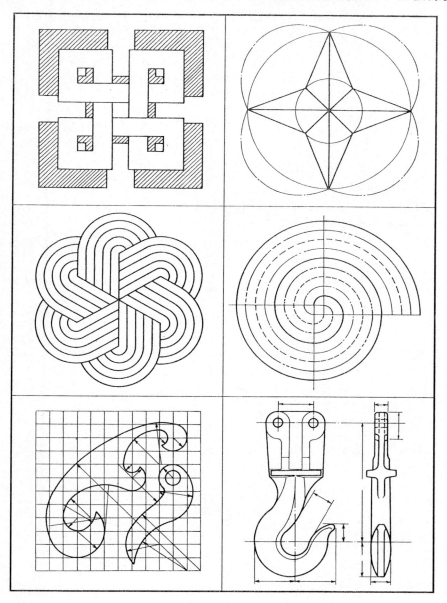

2. 練習繪製（圖 11）直線應用幾何圖法。

3. 練習繪製（圖 12）曲線應用幾何圖法。

4. 練習正體小寫字母，字高 7 mm。

Flatten ear on this side to make piece No. 51367. See detail.

5. 練習正體小寫字母，字高 5 mm。

Deburring slot must be centered on 0.625 hole within ±0.001.

6. 同上。

Pivot point for high pressure bellows.

7. 練習斜體小寫字母，字高 7 mm。

Material: #19 Ga (0.024) C R Steel. Temper to Rockwell B–40 to 65.

8. 練習斜體小寫字母，字高 5 mm。

This length varies from 0.245 to 0.627. See table Ⓐ below.

9. 同上。

Extrude to 0.082 ±.002 Dia. 3-56 Class 2 tap.

10. 練習書寫大寫正體註解，字高 7 mm。

PAINT WITH METALLIC SPALER AND TWO COATS LACQUER AS PER CLIENT COLOR ORDER.

11. 練習書寫大寫正體註解, 字高 5 mm。

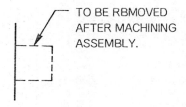

THIS PRINT IS AMERICAN
THIRO-NGLE PROJECTION.

12. 同上。

TO BE RBMOVED
AFTER MACHINING
ASSEMBLY.

13. 用斜體字抄錄注解, 字高 7 mm。

CUTOFF BURR MUST
NOT PROJECT BE-
YOND THIS SURFACE

14. 用斜體字抄錄注解, 字高 5 mm。

ALTERNATE MATERIAL:
IST. RED BRASS 85% CU.
2ND. COMM. BRASS 90% CU.
3RD. COMM. BRASS 95% CU.

15. 同上。

THIS HOLE IN
PIECE NO. 821
ONLY. REMOVE
BURR ON UPPER
SIDE.

16. 用方格紙書寫如圖仿宋體字，由小而大字體練習分別以 3.5 mm、5 mm、7 mm 字高書寫。

數量材料鑽孔鑄絞磨車削刨搪銑柱坑錐魚眼吊耳寬深厚高長
肩兩端直平凸凹斜度等間隔個供容納內外圓角螺紋管腳頸部
槽級體大小單雙六角頂肩窩半方杯釘銷帽鎖緊精粗製每吋墊
圈鋼鐵銅鋁鋅鎳錫黃青塑膠木皮拔型突緣裝配鍵釘彈簧輪曲
柄蝸桿千斤起重機器軸承環襯套門閥夾架虎鉗填函蓋板冷熱
鍛件滾壓輾轉底座表面處理回火退硬化管球止十字接頭聯結
器節異徑街式閘路系塞偏心導路繩鏈滑車手柄槓磨擦離合掣
動開關易熔保險絲可調型電阻變壓交直流蜂音發話鈴瓶擴音
喇叭揚聲表計安培瓦時功率發動斷路磁心按鈕普通環型閉式
天線微差感應容放射陰陽極激勵旋轉標識殼氣振盪尾栓括椿

中正	成功	中興	中原	逢甲	東海	淡江	文化	大同	空軍
新埔	黎明	明志	華夏	中華	明新	復興	健行	大華	陸海
中州	樹德	永達	吳鳳	南榮	遠東	崑山	東方	正修	官校
亞東	南亞	龍華	萬能	聯合	勤益	南台	陽明	立志	旗美
東暉	慈明	青年	達德	亞洲	大榮	東勢	大湖	沙鹿	高苑
瑞芳	高旗	高英	華洲	新榮	育德	天仁	西湖	高鳳	日新
圖名	班級	姓名	日期	圖號	評分	設計	審核	描繪	比例

臺灣　東南　西北　基隆　桃園　新竹　宜蘭
苗栗　彰化　雲林　嘉義　高雄　屏東　花蓮

中國省市縣私立大學院校專科高級工農職業補習

17.～22. 練習如圖繪製樣品並將尺寸及標示符號改為 CNS 標準。
23. 機械元件加工符號表示應注意那些事項？

80

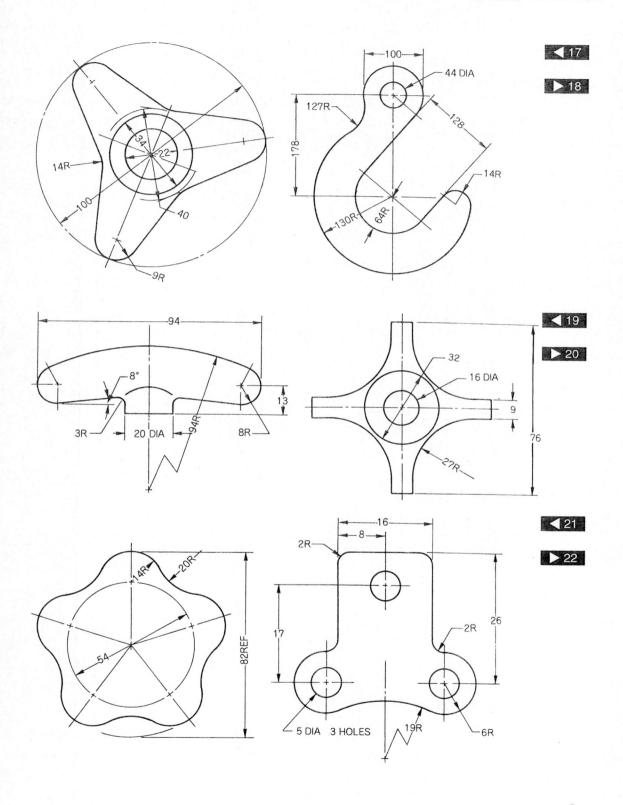

第 **3** 章　設計圖法之分類與概說

　　設計圖法與一般的繪畫不同，它具備了投影法的理論。工程上的製圖法，除了可正確的表現設計物的外形形狀及產品的特質外，亦需注重圖面整體的平衡。亦即設計圖法可依不同的使用目的，將設計的產品形狀、構造、機能、使用方法等，加以正確地畫成平面或立體的圖形，並有迅速傳達設計者設計資訊的功能。而利用各種製圖器具所繪製的設計圖與單純繪畫的「美」的表現方式不同，其乃屬於技術用途上的圖面；因此圖法、尺寸，都要有統一的規範可循，不因繪圖者個人的素養、技能差異而使作品有所不同。以下各節即就設計圖法的投影理論基礎、種類、應用及所需注意事項分別加以說明。

3.1　投影圖法的基本分類

　　若欲對目標設計物能作精確完整的描繪，以構成功效實用的設計圖，設計與製圖者必須熟悉點、線、面相互間之關係，並應用投影方法求解下列諸問題：

　　　⑴求線之真實長及面之真實形狀。

　　　⑵求線與線之交點、夾角和距離。

　　　⑶求面與面的交線、夾角等。

　　　⑷決定點、線、面相互間之關係。

　　　⑸尋求決定相關工程及製造等設計上的關聯原因。

㈠投影的種類

　　根據觀察設計物之視點的位置及視線及投影面所成之角度而異，可將投影分為平行投影及透視投影，參見（圖1）。

圖1

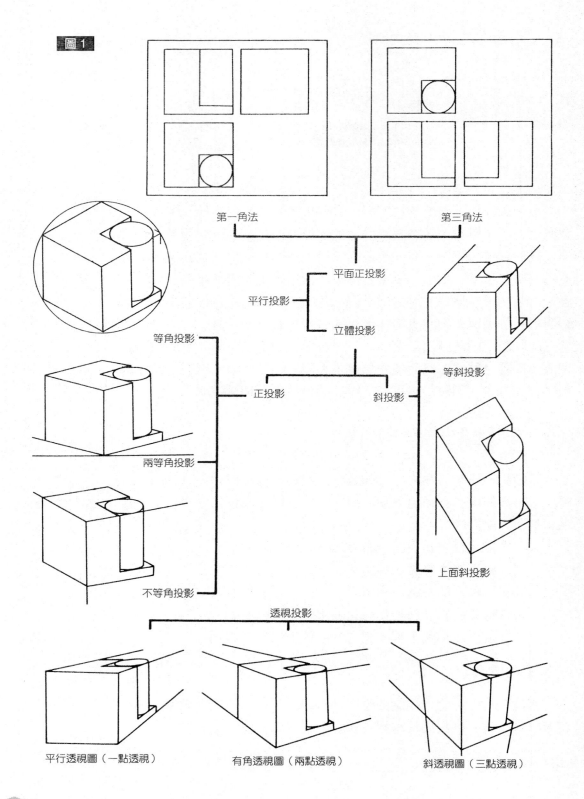

第一角法　　　　　　　　　　　　第三角法

平面正投影

平行投影

立體投影

等角投影

正投影　　　　斜投影

等斜投影

兩等角投影

不等角投影

上面斜投影

透視投影

平行透視圖（一點透視）　　　　有角透視圖（兩點透視）　　　　斜透視圖（三點透視）

(1)平行投影：假設假想視點在無限遠處，則所有之視線皆互相平行，這種平行視線在投影面上所呈現之圖形，即為設計物在該投影面上的平行投影。各平行視線可垂直於投影面，即稱為正投影，而正投影又可分為平面正投影及立體正投影。另各平行線可與投影面成任意角度則稱為斜投影，參見（圖2）。

(2)透視投影：當諸點係在距離設計物的定距離之處，所有之視線必定不平行，這種不平行的視線，在投影面上所呈現的圖形即為透視投影，同時又稱中心投影。一般而言，透視投影可分為平行透視（一點透視）、有角透視（兩點透視）及斜透視（三點透視）等。

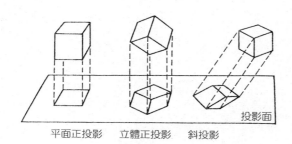

圖2
平行投影的種類

平面正投影　　立體正投影　　斜投影　　投影面

㈡投影名詞解釋

習者於投影幾何學習中，亦需對以下之名詞定義有一初淺認識：

(1)視點：視者眼睛所在之位置，謂之視點。

(2)視線：視點與設計目標物上各點的聯線，也就是視者之眼睛至目標物上各點的連線。

(3)投影線：由目標物上各點至投影面所作之垂線稱空間投影線；另投影在投影面上者稱圖面投影線，參見（圖3）。

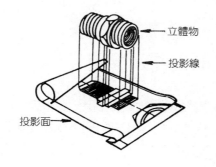

圖3
投影圖及物體關係

立體物

投影線

投影面

(4)投影面：乃假想於視者及目標物之間或其後之一透明平面，
　　習者所繪之投影圖即為目標物投射在該平面上之圖形。

(5)基線：即兩投影面之交叉線，成為投影圖上各相關距離之量
　　度依據，稱為基線。

(6)參考面：供作量度之用的基準稱之。只因繪圖上之需要而設
　　之平面。各主投影面及輔助投影面也可用作參考面。

(7)鳥瞰圖：依視者、投影面及目的物的相互關係，可分三種，
　　參見（圖4）。

圖4
三種鳥瞰圖

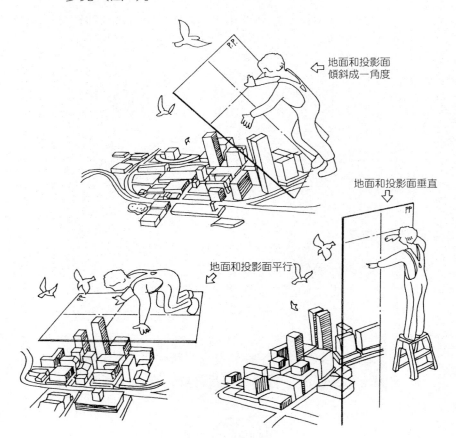

地面和投影面
傾斜成一角度

地面和投影面垂直

地面和投影面平行

3.2　設計圖法的種類及應用

　　本節所言之設計圖法種類，僅作名稱大略簡介，至於其詳細說明，
將於爾後各章詳述其內容。本節則著重於設計圖法的應用時機及相關
的目的說明探討。

　　如（表1）所載為一典型設計流程中自構想至設計定案時所需描繪的設計表現圖歸類。於流程中，吾人將之概分為七個階段，分別為構想階段、精鍊階段、確認階段、調整階段、試作階段、定案階段及簡報階段等。同時吾人亦可發現於各階段之必要表現圖也由素描、構想發展、……至必要的製圖、精描圖等，均需使用各種類的設計圖法來加以完成、說明及表達，由此可見各種類之設計圖法之重要了。

階　　段	必要表現圖	圖法的種類	用具（含彩色）	備　　考
I 構想階段	IDEASKETCH 素描	正投影圖法 透視圖法 徒手素描法	描圖紙 麥克筆 軟芯鉛筆 其他	速描、思考的重現，刺激自我的思考力。
II 精鍊階段	IDEASKETCH 略製圖	正投影圖法 透視圖法 徒手素描法	描圖紙 麥克筆 方格紙 鉛筆、簽字筆	材質、及其他詳細部分的設計方向思考。
III 確認階段	ROUGHSKETCH 製圖	正投影圖法 透視圖法 立體投影圖法	描圖紙 麥克筆 方格紙、斜格紙 鉛筆、針筆 製圖用具、其他	形態、機構尺寸的確認。
IV 調整階段	SKETCH 製圖、複寫圖	正投影圖法 透視圖法 立體投影圖法	描圖紙 麥克筆 方格紙、斜格紙 鉛筆、針筆 製圖用具、其他	生產、流通關係，使用性問題解決，方針再檢討。
V 試作階段	製圖、複寫圖（外觀圖、斷面圖、線圖、其他）	正投影圖法 立體投影圖法	描圖紙 方格紙、斜格紙 鉛筆、針筆 製圖用具、其他	總合組立，零組件關連，正確表達外形機構構造。
VI 定案階段	必要時全部的製圖、複寫圖、精描圖	正投影圖法 透視圖法 立體投影圖法 斜投影圖法	描圖紙、彩紙、畫板、鉛筆、針筆、製圖用具、其他	製造、施工的關係、技術說明、臨場實體感想像圖的表現。
VII 簡報階段	全部發表所需圖面、製圖、精描圖、技術說明書	全部圖法的綜合表現	全部的用具	視覺效果，解說力的表現。

表 1
構想至設計定案所需描繪的設計表現圖歸類

　　另於各階段中所需之設計圖法的使用工具及其目的備考，亦於（表1）中可詳知。一般來說，構想階段的圖法其目的在於刺激思考、靈感的呈現，著重於速描，能快速地完成構想的圖面。而後隨著設計階段的演進，各階段之目的也漸演變成較具體化、技術性、機能上的圖面表現，終至發表簡報階段時的力求視覺效果與解說力的訴求。

3.3　其他應用圖法

　　為力求設計上說明的完整性，於設計圖法中亦有立體構造分解圖（爆炸圖）、解剖圖、局部放大圖，及展開圖等，乃至電腦輔助繪圖，均將於後另闢章節詳加介紹。而（圖5、6）則是應用於人因工程設計上的圖法範例，目標物分別為椅子及汽車駕駛座等。

圖5

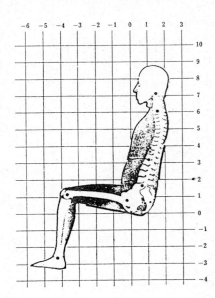

圖6

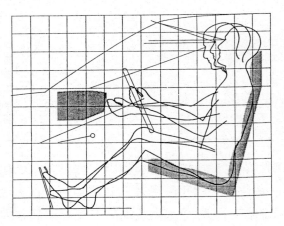

3.4 設計圖法注意事項

　　針對於設計圖法上常見的注意事項及易被忽略的幾個問題，在此作簡單扼要的數項提示。

(1)（圖 7）說明尺寸線隱藏線的標示使用法。

(2)（圖 8）說明想像線的使用時機，雖（圖 8-a）為正確的投影圖面，但一般為求圖面的簡易完整，常以（圖 8-b）表示即可。

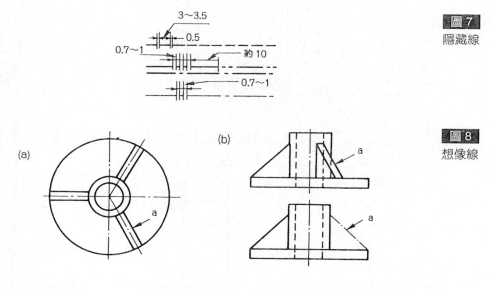

圖 7
隱藏線

圖 8
想像線

(3)（圖 9～11）則分別說明中心線、尺寸線、長斷線的正確使用方法，同時亦舉出數不良範例，以警習者。

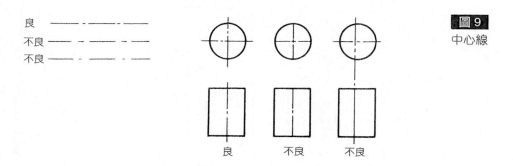

圖 9
中心線

◀圖 10
尺寸線

▶圖 11
長斷線

(4)（圖 12）則可看出繪製剖面線時，兩相接剖面之剖面線應方向相異。

圖 12

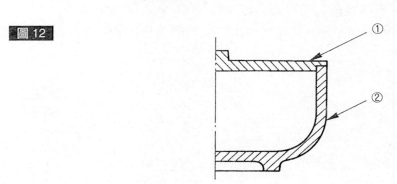

(5)（圖 13～15）為說明設計物於繪圖時，投影面之選擇考量，應避免虛線之繪製生成。

◀圖 13

▶圖 14

圖 15

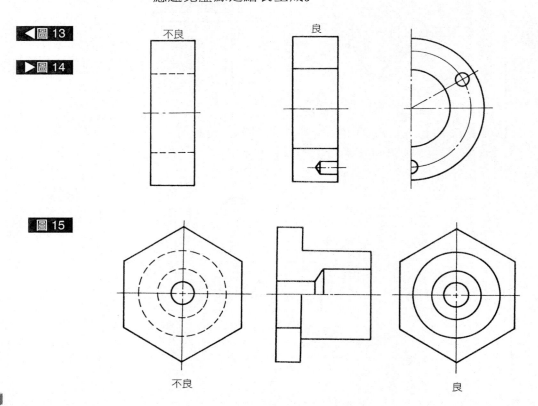

(6)（圖 16、17）分別為輔視圖及回轉圖示之使用情形。

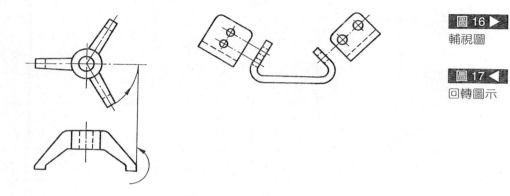

圖 16 ▶
輔視圖

圖 17 ◀
回轉圖示

(7)（圖 18）則為說明各視圖對於投影之小 R 角的投影處理，普遍均以實線表示。

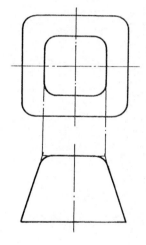

圖 18
小 R 角投影以
實線表示

(8)（圖 19～22）則為表示無論複雜的投影或是單純的設計目標物外形上的投影，均以簡單的直線及圓弧線或是單純化的視圖而加以表現即可。

圖 19
複雜之投影以簡
單直線及圓弧線
表示

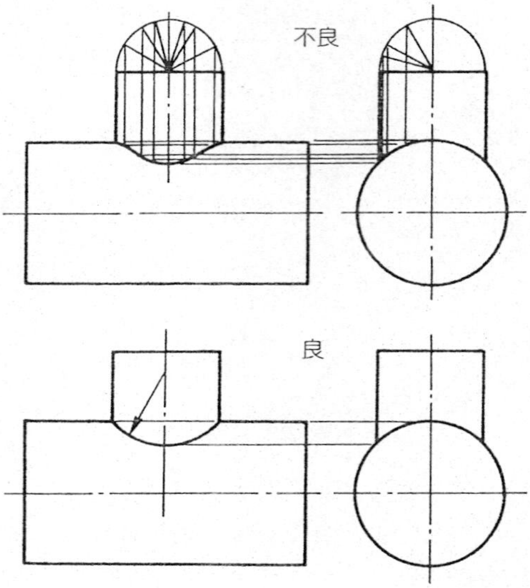

不良

良

圖 20

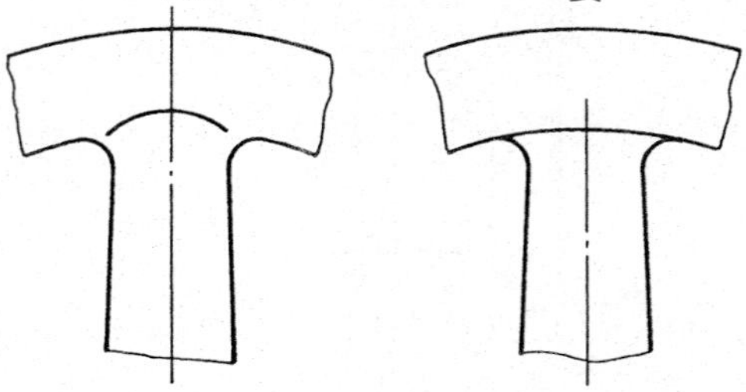

不良　　　　　　良

圖 21

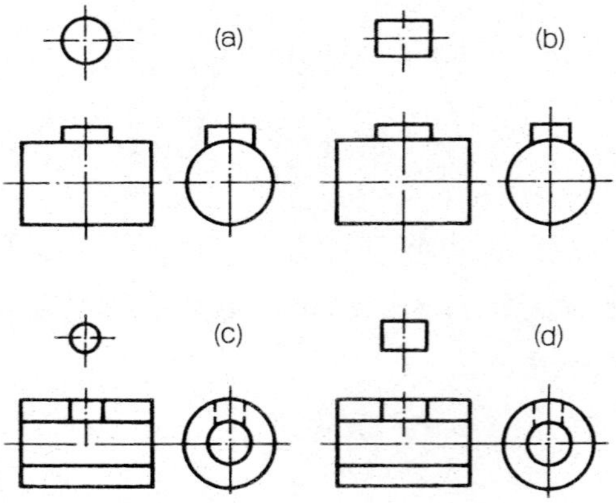

(a)　　　　　(b)

(c)　　　　　(d)

圖 22

不良　　　　　　良

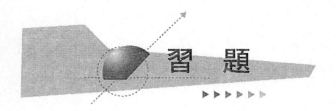

習 題

▶▶▶▶▶▶▷

1.試問如（圖 1～3）各屬於何種投影？說明之。

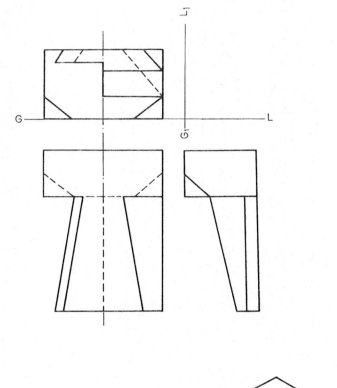

◀圖1

▶圖2

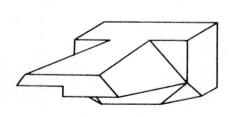

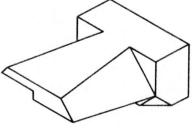

圖3

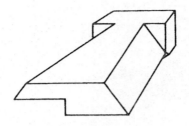

2.承上，試分別繪出第三角法之平面正投影圖及二點透視圖。

3.應用投影方法主在尋求解決那些問題?

4.請詳述投影的種類有那些，及其層屬關係? 並試自行繪製一簡單之平面、立體造型分別說明之。

5.解釋名詞: 視點、視線、投影線、投影面。

6.簡述設計圖法種類及其應用時機，並說明其目的。

第 *4* 章　正投影圖

4.1　正投影圖概說

　　正投影圖為日常所見最慣用的一種圖法，其圖形大小比例一致，且觀者可由圖面上詳窺物件之各部配置情形。

　　正投影圖乃假想光線來自無窮遠處且垂直於圖面的平行光，以此光線所投影至圖面的影像得之，見（圖1）。本此原理，因應觀察者、物體、投影面三者之關係，我們可將投影狀況分為第一、二、三、四角法，但較廣為使用的只有第一角法與第三角法兩種，茲分別敘述如下，見（圖2）。

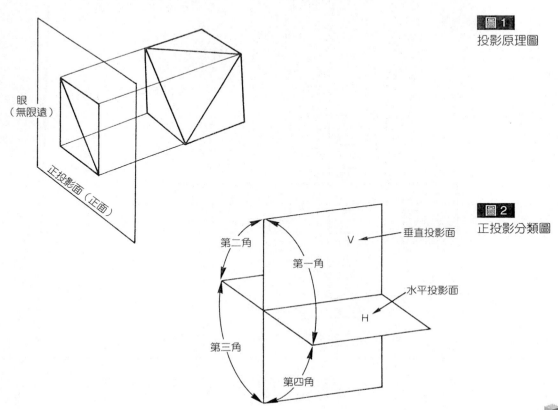

圖1
投影原理圖

圖2
正投影分類圖

4.2　第一角法

第一角法投影乃觀者之視線先經由被測物件，再及於投影面，以此觀測原理所成之視圖配置原理，如（圖 3-a、b）所示。將左側視圖放在右側，而右側視圖放在左側，上、下視圖亦同，後側視圖通常放在左側視圖右方或右側視圖左方，惟其展開方向相反。

第一角法投影之代表符號如（圖 3-c）所示，繪者必須將其繪於明顯處，或加注「第一角法」字樣。

圖3
第一角法投影圖
例

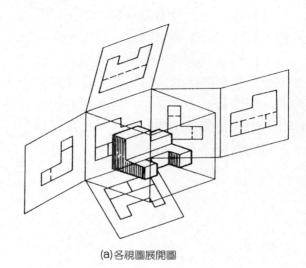

(a)各視圖展開圖

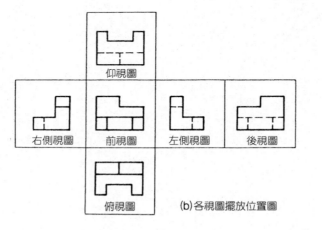

(b)各視圖擺放位置圖

(c)第一角法代表符號

4.3　第三角法

　　第三角法投影乃觀者之視線先經由投影面，再及於被觀測物件，以此觀測原理所成之視圖配置原理如（圖 4-a、b）所示，各視圖均依視圖之觀測方向擺置。

　　第三角法投影之代表符號如（圖 4-c）所示，繪者必須將其繪於明顯處，或加注「第三角法」字樣。

圖 4
第三角法投影圖
例

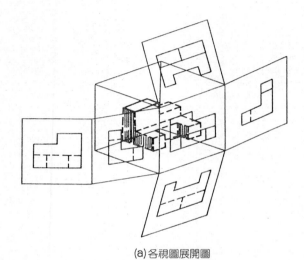

(a)各視圖展開圖

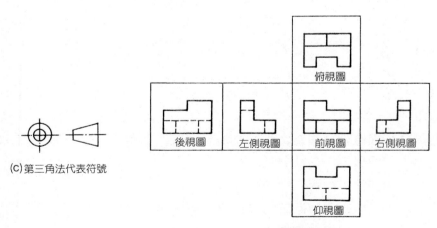

(c)第三角法代表符號

(b)各視圖擺放位置圖

俯視圖

後視圖　左側視圖　前視圖　右側視圖

仰視圖

下圖為一立體投影圖例,將其以第三角法正投影圖繪出,如下所示。

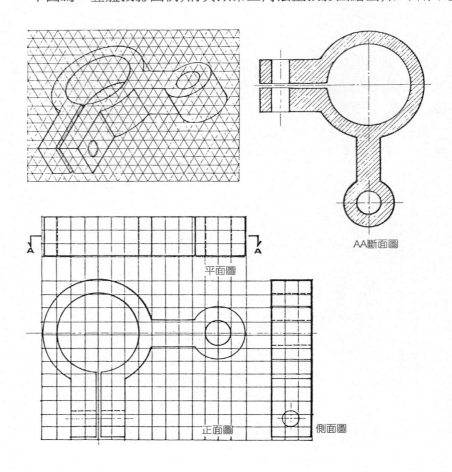

圖5
立體圖

AA斷面圖

平面圖

正面圖   側面圖

4.4　第一角法與第三角法之比較

我國於民國三十三年頒布實行的「CNS 工業製圖」國家標準中明定以第一角投影法為標準製圖法。後因美、日等國相繼改採第三角法,我國為了因應外資設廠、技術交流,順應世界潮流,現今均以第三角法為主,而以第一角法為輔。

茲比較第一與第三角法的差異如下:

　　(1)同一投影方向的物件,第一角法投影面在物件之後側;而第三角法則在物件之前側。

　　(2)第一與第三角法的各視圖完全相同。

　　(3)視圖的放置位置除前視圖外,其餘各視圖皆相反。

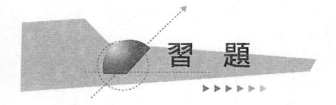

習 題

▶ ▶ ▶ ▶ ▶ ▶ ▷

1.試將以下各立體投影圖例，以第三角法正投影圖繪出。

1

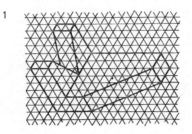

2

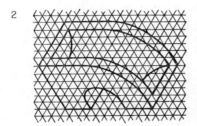

3

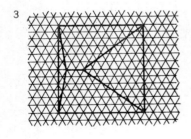

4

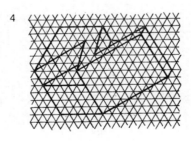

5

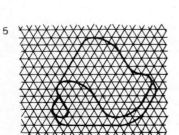

6

解答圖例

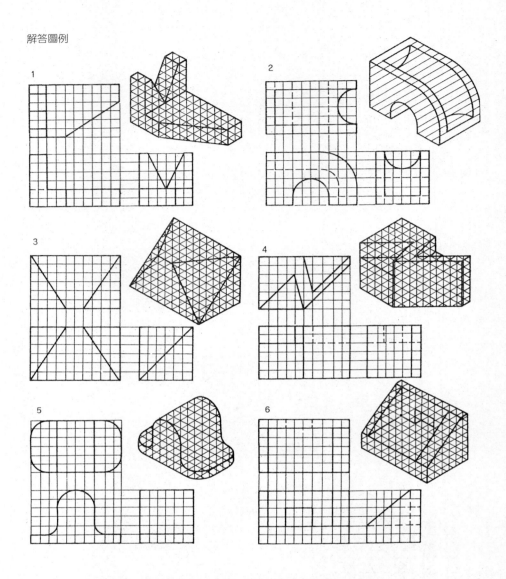

2.三面圖的修正，參照下例，試將各圖例予以修正。

例題　　　　　　　　　　解答圖例

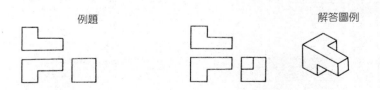

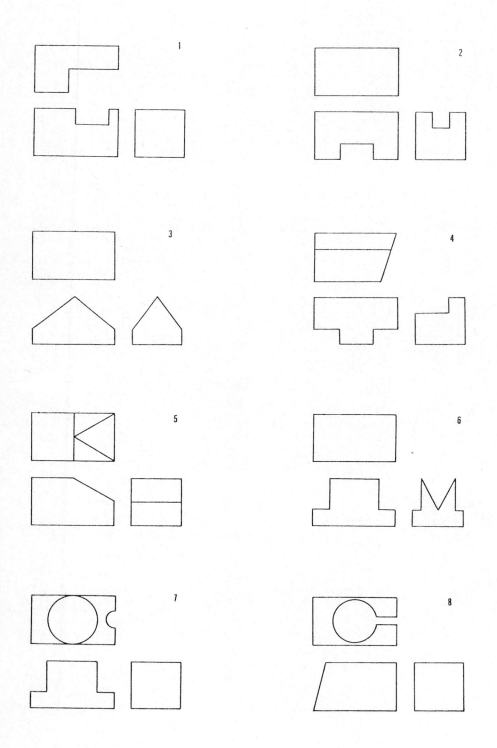

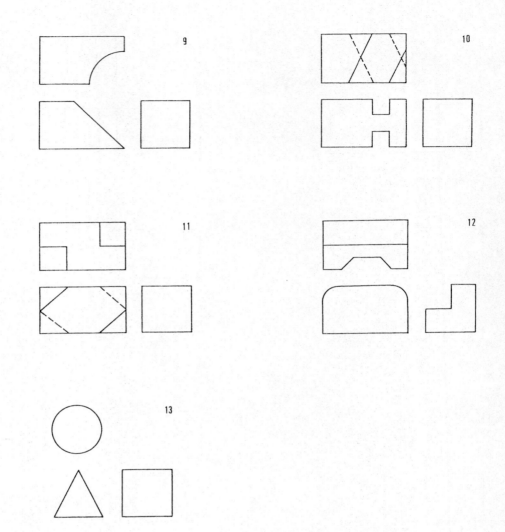

解答圖例

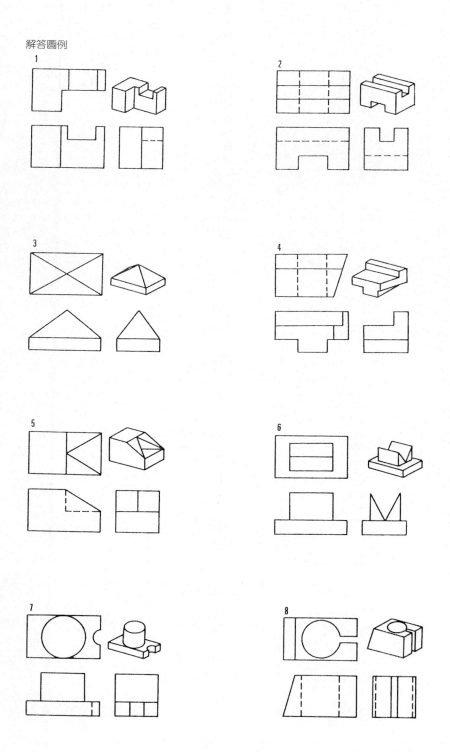

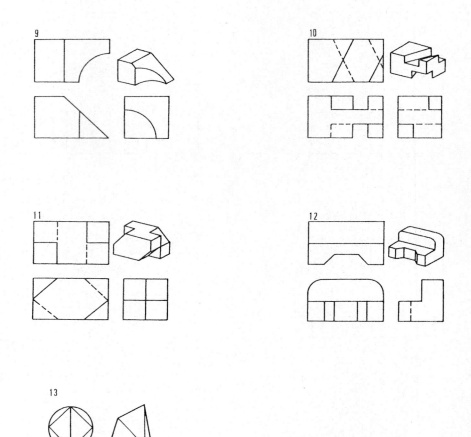

3.試由下圖之小孩用桌椅及櫥櫃的立體投影圖，各繪成第三角法正投
　影圖。

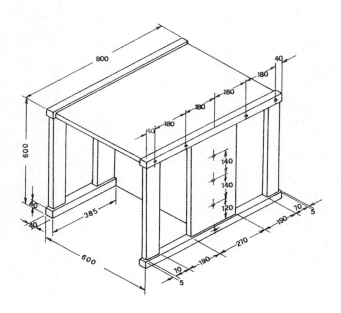

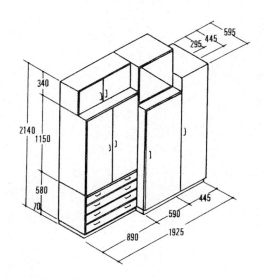

第 **5** 章　立體正投影法

5.1　立體正投影法概說

　　立體正投影法 (Axonometric Projection) 可分為等角投影法 (Isometric Projection)、二等角投影法 (Dimetric Projection)、三角投影法 (Trimetric Projection) 等三種。此投影法之原理乃物體放置與投影面傾斜，由與投影面垂直且相互平行的光線投影之。物體的各面與投影面均成傾斜的圖法。

　　上述的三種圖法均有作圖容易，使圖形標準化，易於了解之優點，但與眼睛所見的立體感略異，因其缺少透視的觀念所致。三種圖法之相異處乃在於物體與投影面所成的傾斜角度各不相同而已。

5.2　等角投影法

　　等角投影法為立體正投影法中最簡單的一種圖法，英文名稱為 Isometric Projection，意指投影之後三軸之長各相等之意。

　　古英國的數學家法理斯（生於 1759 年）富有廣泛的科學知識，他曾經利用等角投影圖法來表達繁複的機械傳動的裝配構造。可知在幾世紀前，人們就懂得運用等角投影作圖簡單、說明性佳的效果來表達圖面。

　　如（圖 1）中的物體乃為一正立方體，繞鉛垂軸旋轉 45° 之後，再向前傾 35°16′，取其正面前視圖，即可得到三等軸長的投影圖，因所成圖形的中心角皆為 120°，故稱之為等角投影法，又稱為等測投影法，概指三主軸長均等。圖面上，三主軸的縮率皆為 0.82，且兩側的投影角（與水平線之夾角）均成 30°。

　　此外，等角投影圖又可分成等軸測圖與等測圖兩種，見（圖 2–a）。等軸測圖乃物體的投影尺寸，三軸長均縮為原長的 0.82 倍；而（圖

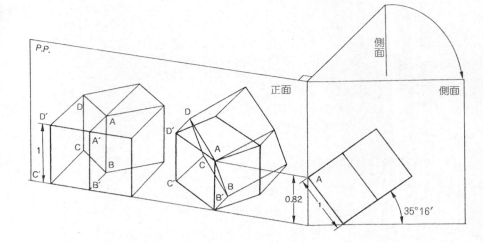

圖1
等角投影圖形成
原理

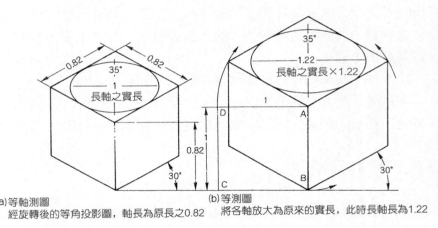

圖2
等軸測圖與等測
圖

(a)等軸測圖
經旋轉後的等角投影圖，軸長為原長之0.82

(b)等測圖
將各軸放大為原來的實長，此時長軸長為1.22

2-b) 中的等測圖乃三軸之長均放大為原物體的實長，此時上表面中橢圓的長軸長將為 1.22。

　　一般之等角投影圖皆為上述之標準圖法，但是設計用圖有時為求某個方向圖面的說明效果或增添表達方式的活潑性，亦可將各軸作適度之旋轉，見（圖3），可分為：

　　(1)標準等角投影。

　　(2)逆等角投影。

　　(3)水平等角投影——A。

　　(4)水平等角投影——B。

　　等角投影之基本性質，如下所敘：

　　(1)物體上保持平行關係的線、面在投影圖上依舊保持平行的關係。

(2)因投影圖上視線及物體的位置已經改變，故投影圖上兩線相交之角已與實際的角度不同。

(3)實物之線若與投影面平行，則其長度不會發生變化，否則會在投影面上呈現較短的長度。

(4)實物上的圓在等角投影時因傾斜的角度不同而形成各種角度的橢圓。

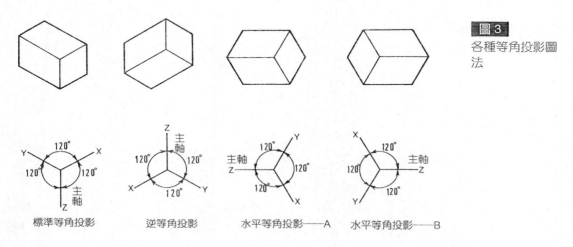

圖3
各種等角投影圖法

標準等角投影　　逆等角投影　　水平等角投影——A　　水平等角投影——B

（圖4、5）為等角投影圖法之圖例。

圖4 ▶

圖5 ◀

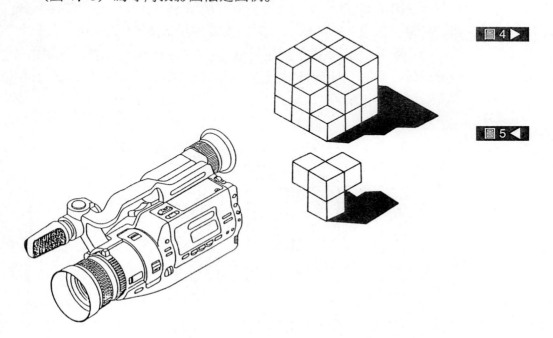

5.3 二等角投影法

二等角投影法乃物體經由旋轉後，取其正面的投影圖，若三軸長中有二軸長相等或兩中心角相等即稱此投影圖為二等角投影圖，見（圖6）。

圖 6
二等角投影圖形
成原理

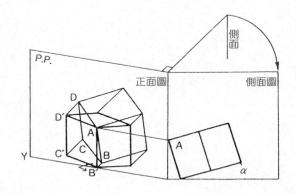

見（圖7-a），為一正立方體繞鉛直軸旋轉45°之後，再以 b 為支點往前傾15°得三邊長比 0.73：0.73：0.96 的正投影圖，且兩側的投影角均成15°。

在（圖7-b）中，則以 b 為支點往前傾55°，得一較大面積的上表面，三邊長比為 0.91：0.91：0.54，兩側的投影角此時呈40°。

而（圖7-c）則不再是繞鉛直軸作45°的旋轉，而是經由適當的旋轉與前傾，產生 1：1：0.5 的三邊長比，此時的投影角各為7°與41°。

圖 7
各種角度之等角
投影圖法

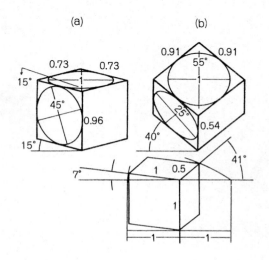

(a)　　　　(b)

（圖 8）中教我們如何去準備一分投影角 15°，三軸長簡略比為
1：0.76：0.76 的立體單位網格，以利於我們今後依此法繪圖之用。

(1)畫出三主軸，在本例中，投影角呈 15°。

(2)於三軸上標注刻度，其相對尺度比約為 $1 : \dfrac{3}{4} : \dfrac{3}{4}$。

(3)繪製、連接各相對應之網線。

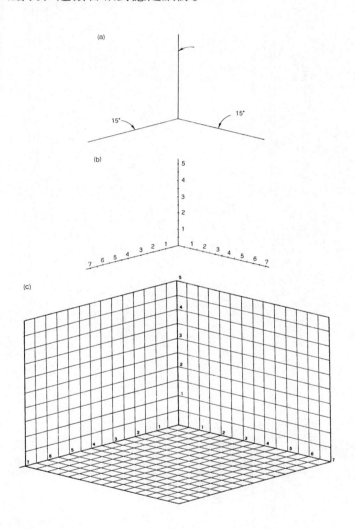

圖 8
二等角投影單位
網格圖之繪製

（圖 9～11）為二等角投影法之圖例。

◀圖9

▶圖10

圖11

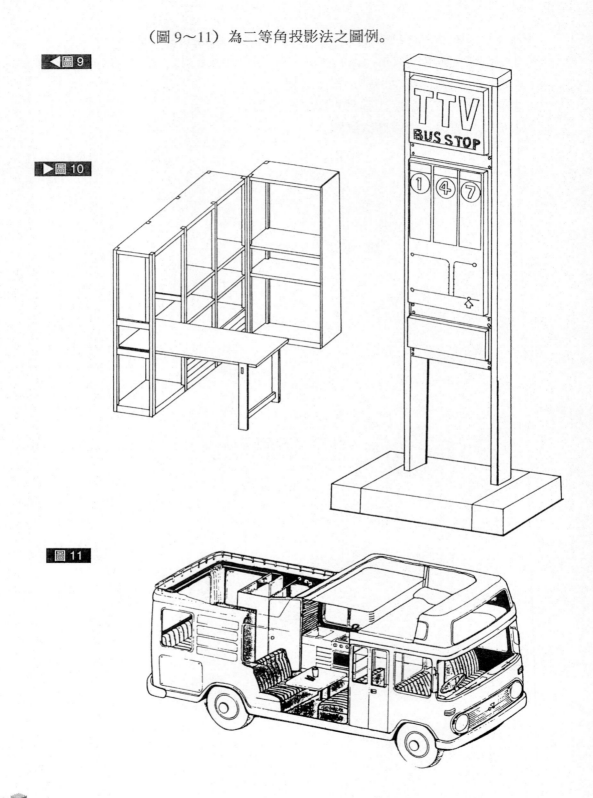

5.4　三角投影法

三角投影法顧名思義乃三軸間的三個角均各不相等，見（圖 12），試比較等角投影、二等角投影、三角投影其間之差異性。

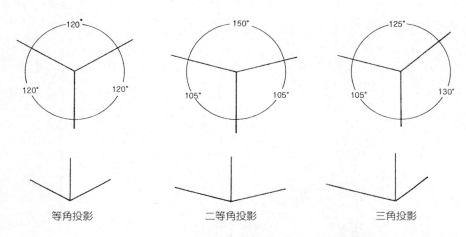

等角投影　　　　二等角投影　　　　三角投影

圖 12
立體正投影圖法
之比較

在（圖 13）中，很明顯地可看出等角投影圖所產生的扭曲，而在三角投影圖中則無此缺點。但是在三角投影法中，礙於旋轉，傾斜角度並無一定準則，故我們很難馬上得知相關的投影角、三軸比為何。在立體正投影法中，此法因無標準慣用的角度、長度比例，故較少使用此法。

圖 13

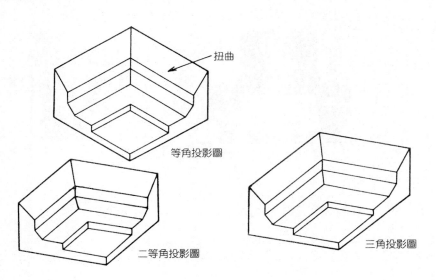

扭曲

等角投影圖

二等角投影圖

三角投影圖

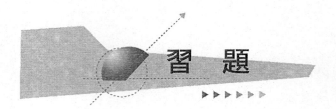

習 題

▶ ▶ ▶ ▶ ▶ ▶ ▶

1. 試將下圖三面圖例，繪成等角投影圖。

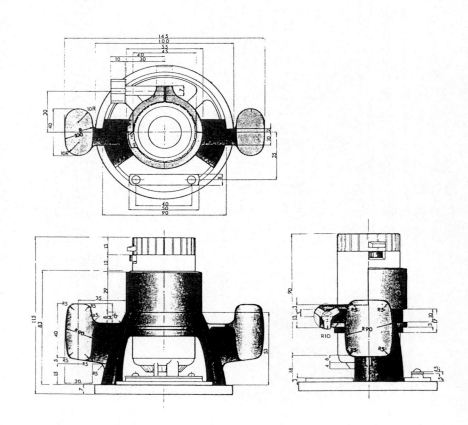

解答圖例

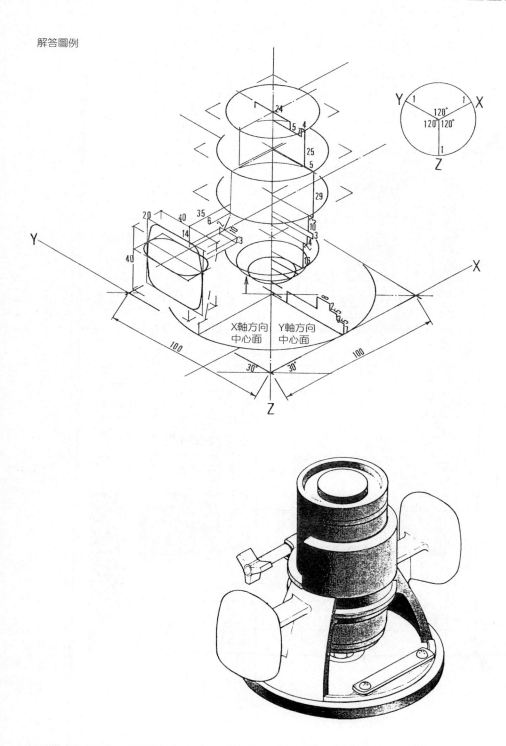

X軸方向
中心面

Y軸方向
中心面

※參考定松修三、定松潤子共著デザイン表示圖法入門, pp. 78、79, 昭和五十七年。

2.試將以下的室內設計圖例，繪成等角投影圖。

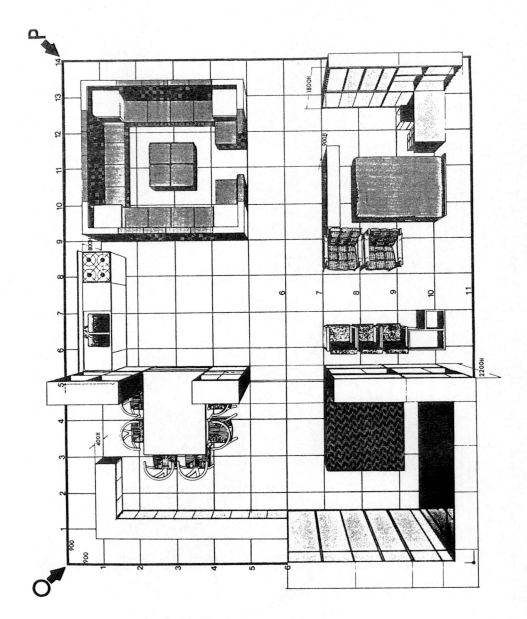

※參考定松修三、定松潤子共著デザイン表示圖法入門，p. 80，昭和五十七年。

解答圖例

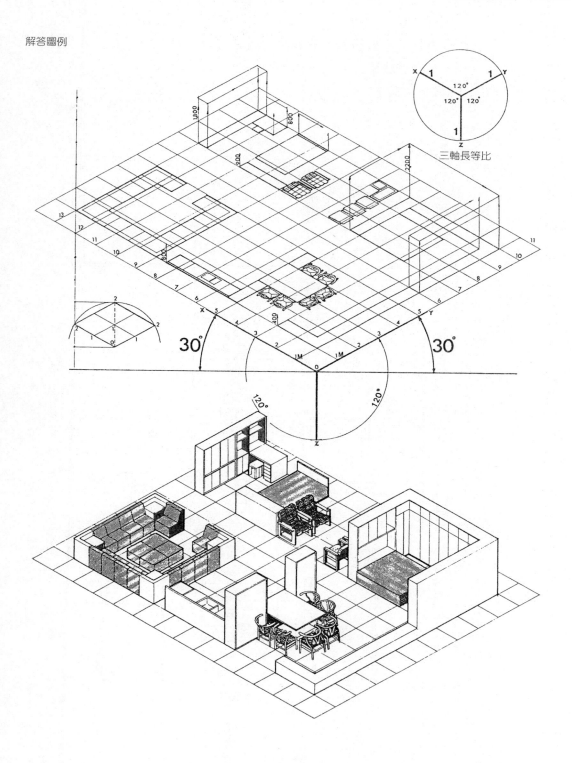

三軸長等比

3. 圖中為寢居室內櫥櫃之正視圖，試以二等角投影法，將其繪成投影
　　角 15° 的立體圖。

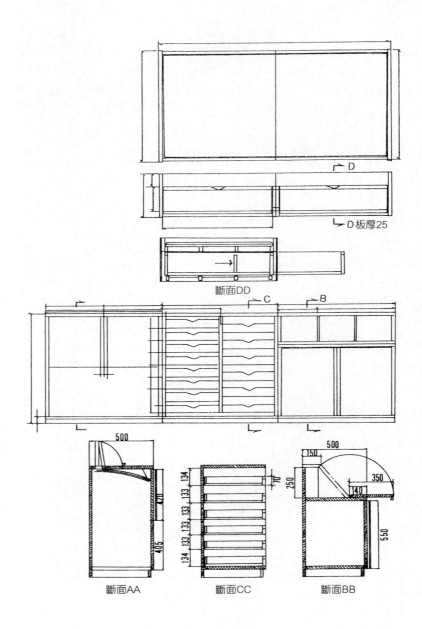

斷面DD

斷面AA　　　　斷面CC　　　　斷面BB

解答圖例

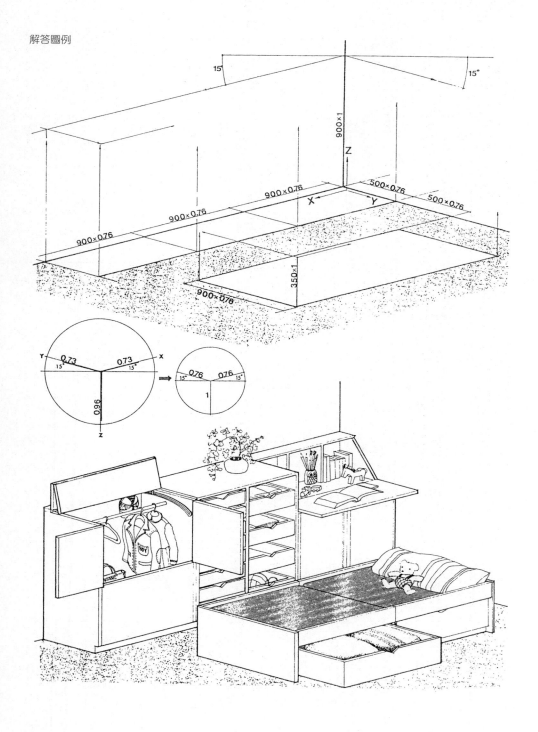

4.二組合式積木圖例，試以二等角投影法繪之。

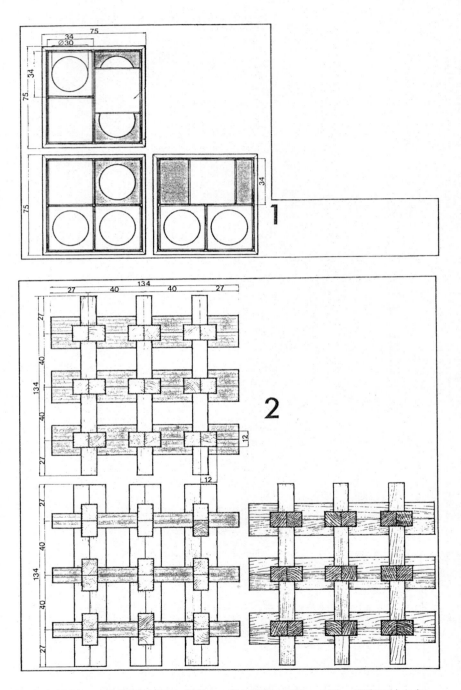

※參考定松修三、定松潤子共著デザイン表示圖法入門，p. 88，昭和五十七年。

解答圖例

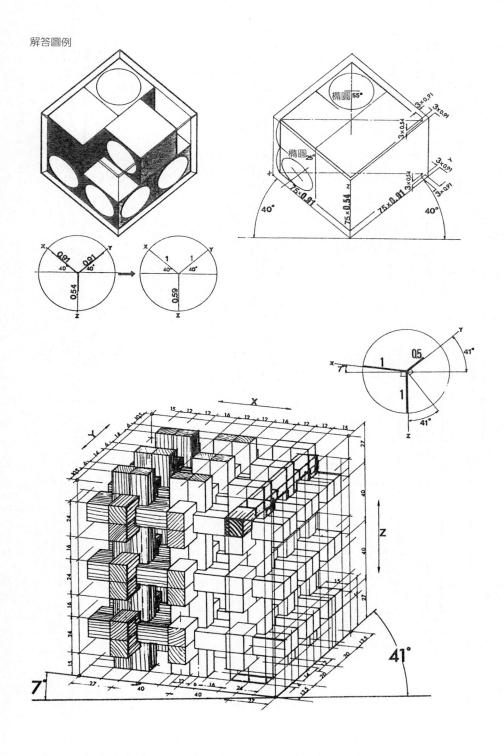

5.下圖為一吧檯的設計圖，試以二等角投影圖法將其重繪之。

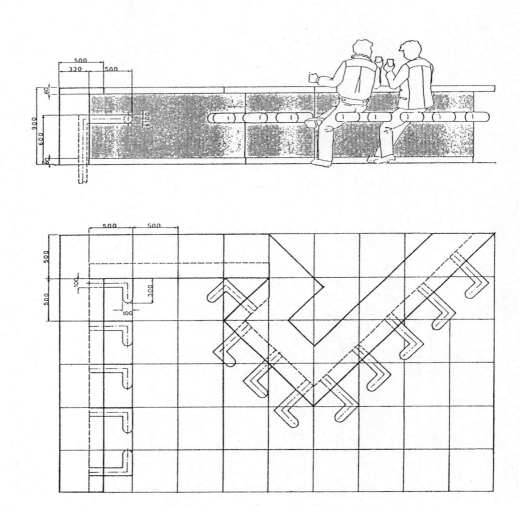

解答圖例

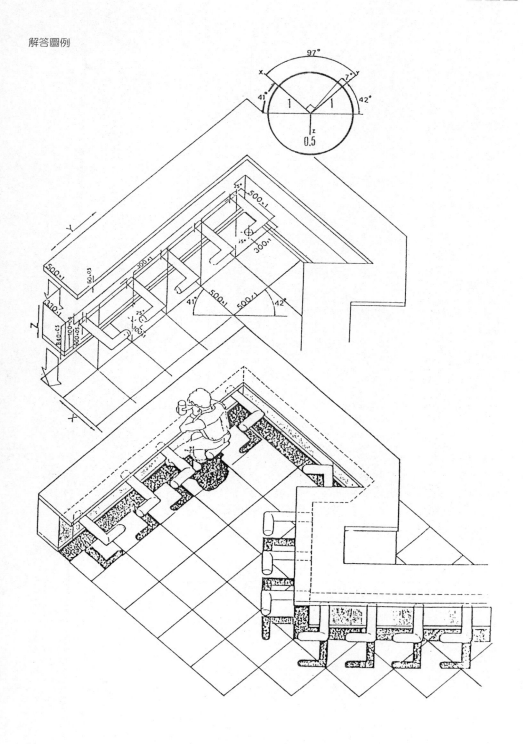

第**6**章　斜投影圖

　　偉大的藝術家兼建築師達文西（1452～1519 年）所發表的文獻之中，時可見到其以斜投影圖表現物體。達文西是個天才的機械工程師，在其繪的 "Condex Atlanticus" 中有許多即是以斜投影圖表現，現保存於法國。由此可知從那時起，大概已確立了斜投影法的原理。（圖 1）中所示是一齒輪壓延機的斜投影圖，為達文西所畫，可說是現今斜投影圖之先驅。

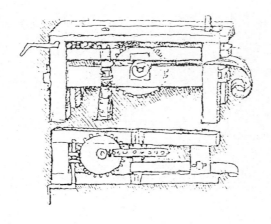

圖1
達文西所繪之斜
投影圖

　　若投影的光線與投影面所成的角度不為 90°，則此種投影法稱為斜投影，見（圖 2）。斜投影圖中最常用的一種投影稱為等斜投影，其投影的光線與投影面成 45°，見（圖 3）。等斜投影因表現圖面的方向各不相同，故有如圖中四種標準的旋轉方向，繪者可依強調之特性做不同的選擇，且等斜圖中各軸線上或和軸線平行的直線上單位長度比為 1:1:1。

　　（圖 4）中所示的圖法為半斜圖，其原理與等斜圖相仿，只是夾角為 90° 的兩軸線與另一軸線或與此三軸線平行的直線上，其單位線長度之比為 $1:1:\frac{1}{2}$。

　　其實，在我們作圖時不難發覺斜投影圖具有重大的缺陷：退隱線

125

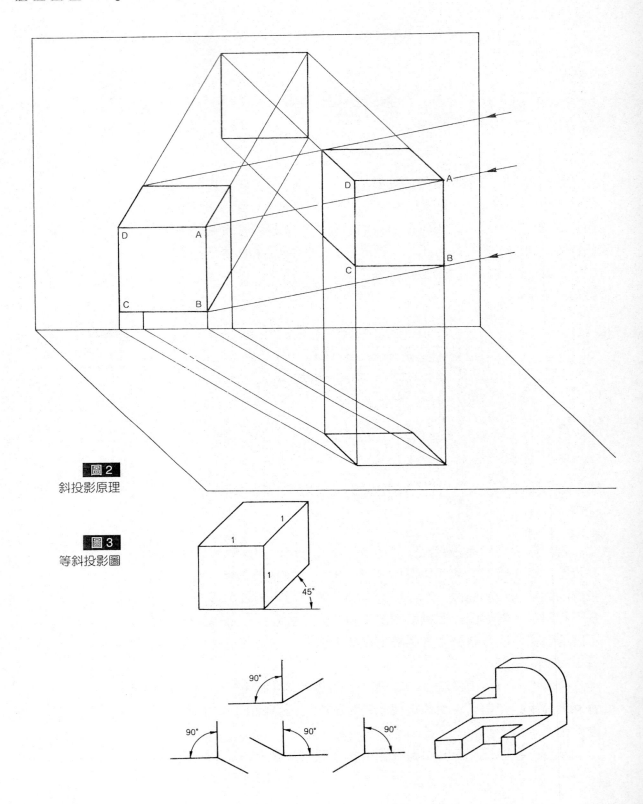

圖2
斜投影原理

圖3
等斜投影圖

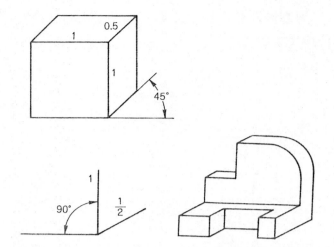

圖 4
半斜投影圖

的不收斂，嚴重影響透視法則，尤其物體龐大時，橫軸之長度增加，失真程度亦隨之增加，見（圖5）。

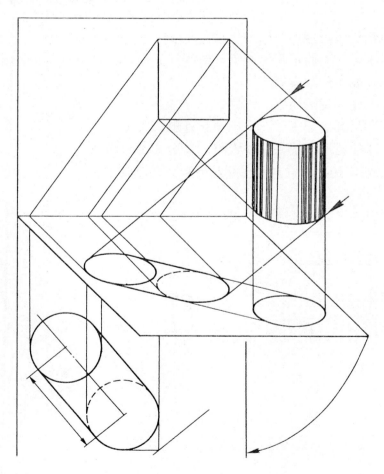

圖 5
斜投影圖原理
（兩側投影角為
30° 和 60°）

（圖 6）中為斜投影的另一例投影法，兩側之投影角各為 60° 和 30°，其單位線長度之比為 1：1：1。

圖6

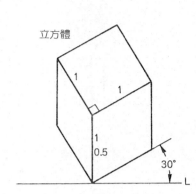

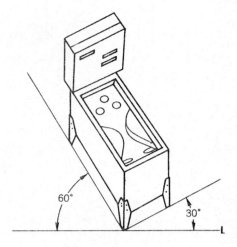

概括斜投影法具有如下之特質：

  (1)有一面與正投影視圖（前視或上視）完全相同，不成傾斜角度，作圖容易。

  (2)作圖理論簡單，容易理解。

  (3)依圖之配置，而有不同之立體感。

  (4)複雜形狀或多面的物體，表現效果不好。

（圖 7～9）為以斜投影圖法所繪之各種圖例。

◀圖7

▶圖8

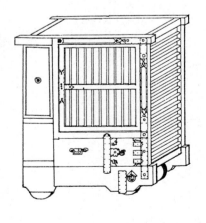

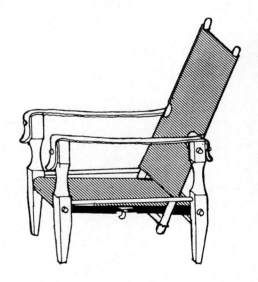

圖 9

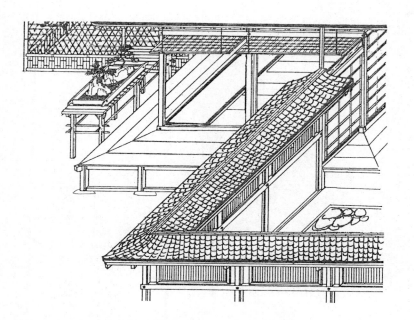

（圖 10～12）為以 30° 與 60° 之投影角所做的斜投影圖例。

圖 10 ▶

圖 11 ◀

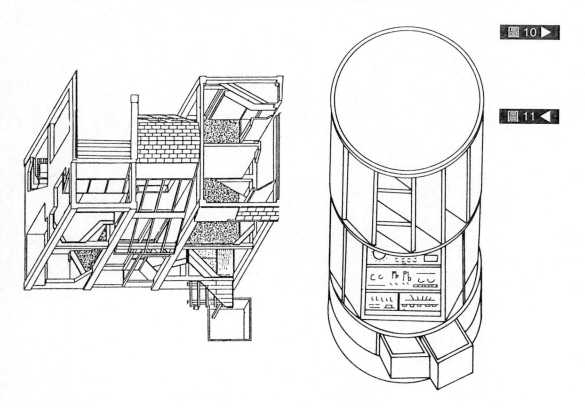

129

圖 12

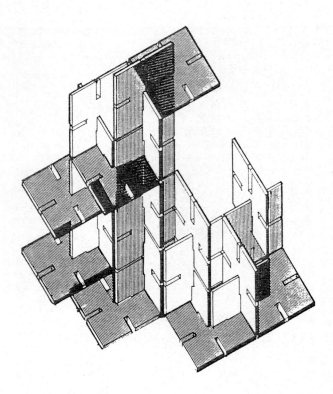

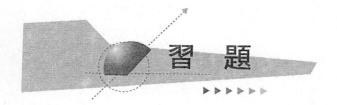

習 題

▶ ▶ ▶ ▶ ▶ ▶ ▶

1. 以下圖的各視圖為引導，試繪出其半斜投影圖。

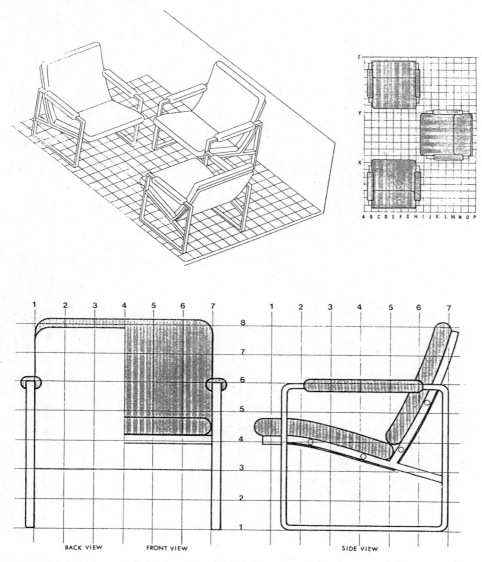

BACK VIEW　　FRONT VIEW　　　　　SIDE VIEW

※參考定松修三、定松潤子共著デザイン表示圖法入門，p. 60，昭和五十七年。

131

解答圖例

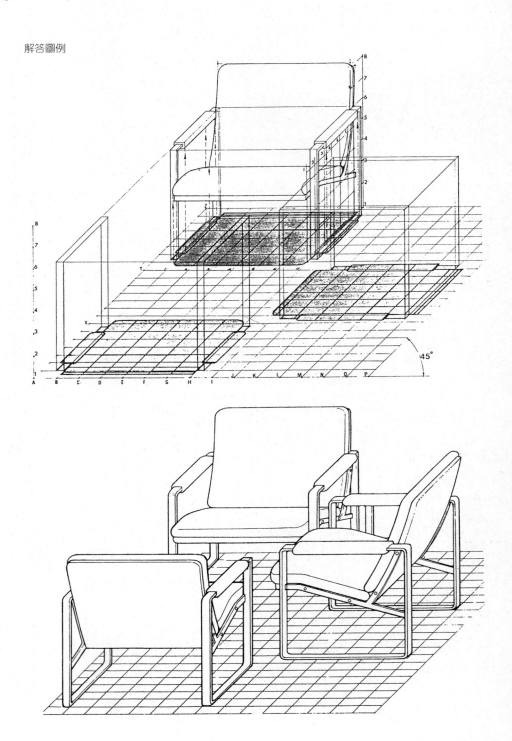

2.以下圖之各視圖為引導，試將裁縫機的半斜投影圖繪出。

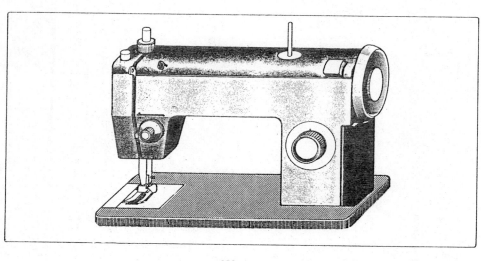

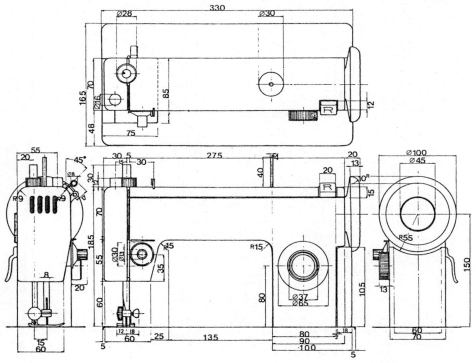

解答圖例

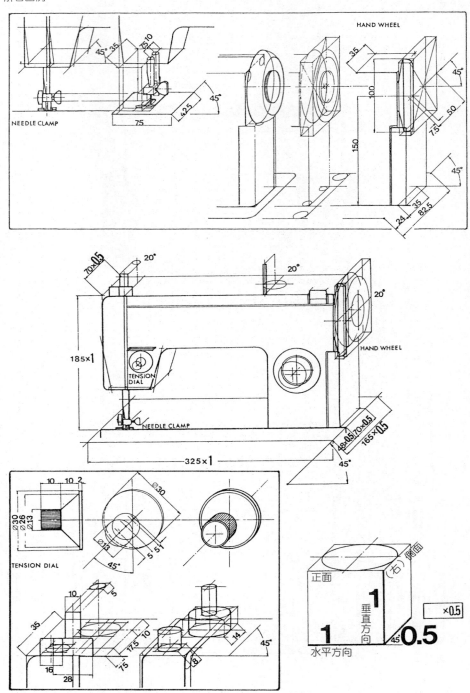

3.以下為習題二則，試以圖中的視圖為引導，並以 30° 及 60° 的投影
　角繪出斜投影圖（玩具）。

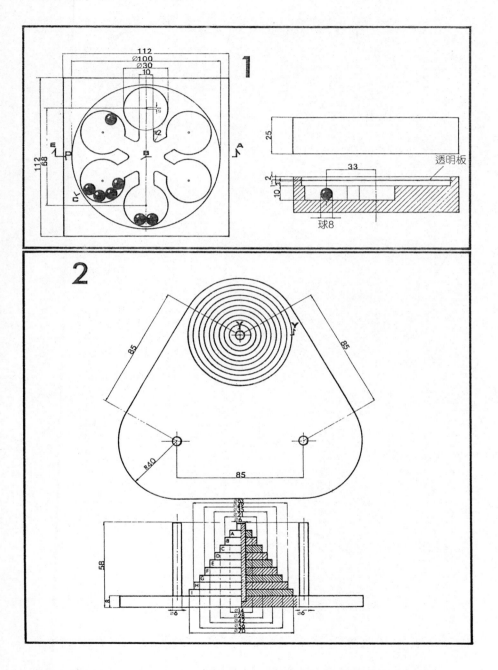

※參考定松修三、定松潤子共著デザイン表示圖法入門，p. 68，昭和五十七年。

解答圖例

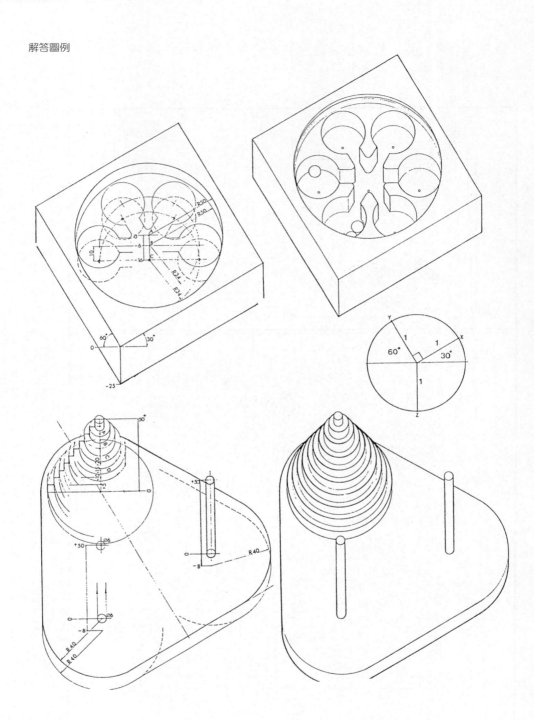

4.下圖為一辦公室的鳥瞰圖，試仿上例，將其斜投影圖繪出。

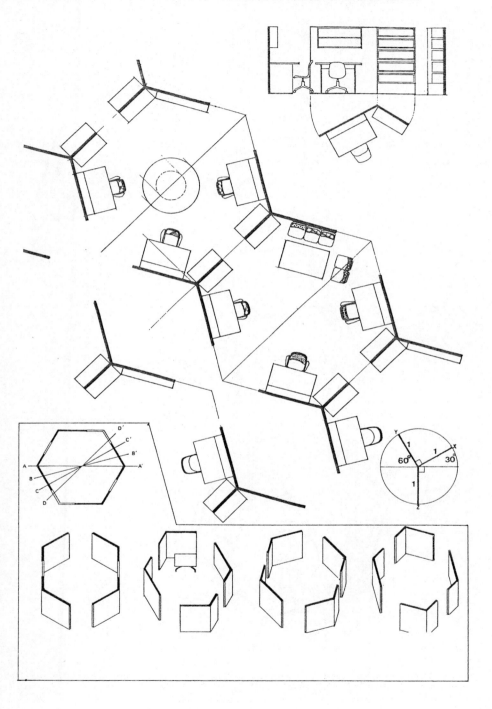

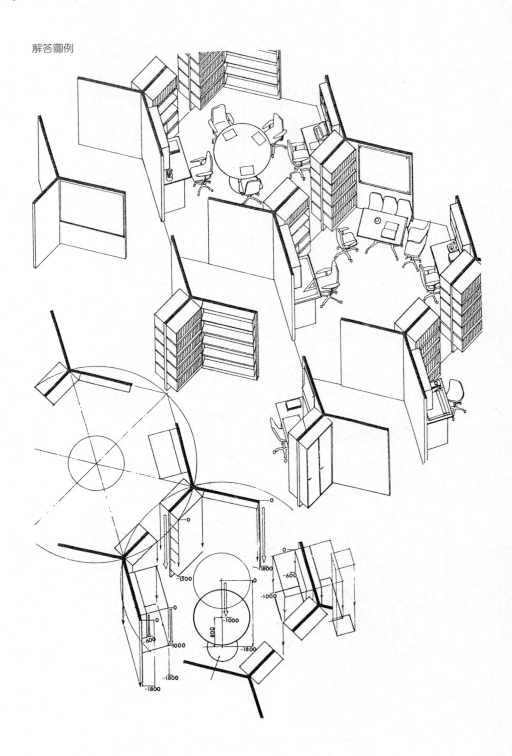

解答圖例

第7章 透視圖

7.1 透視圖概論

(一)透視圖原理

　　透視圖原理類似照相成像原理。只是透視圖不用底片，而是在人眼與物體之間放置一畫面，然後將物體諸視線投影在畫面上形成，如（圖1）。當視者站在鐵路或公路中間觀察時，可見鐵軌或路肩在遠處幾乎交於一點，如（圖2）。

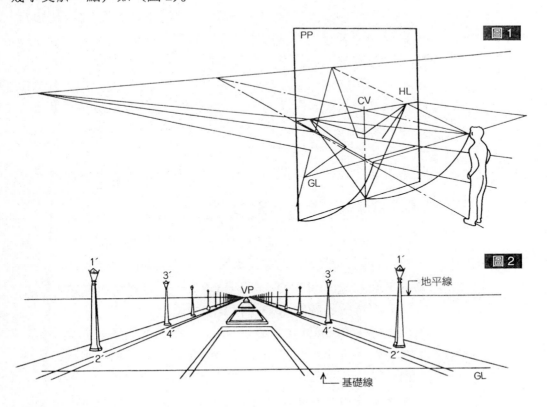

圖1

圖2

地平線

VP

基礎線

GL

當考慮物體、畫面、視點間的關係時，若視點與畫面間的距離保持不變，則物體愈接近視點，其投影愈大；物體愈遠離視點，其投影愈小。當物體移往無窮遠時，視角為零度，各投影線條會共交於消失點。

㈡透視圖分類

透視圖大略可分成平行透視圖、有角透視圖、斜角（或三點）透視圖、俯瞰透視圖和鳥瞰透視圖共四大類：

(1)平行透視圖——為一點消失法。以上下兩條平行線為基準作圖。

(2)有角透視圖——為兩點消失法。依據某個角度，由斜線連接消失點作圖產生。

(3)斜角透視圖——為三點消失法。作圖方法與有角透視相類似，但消失點有三個。

(4)俯瞰透視圖和鳥瞰透視圖——作圖方法有：一點消失、兩點消失和三點消失三種方式。皆從物體上方由上而下觀看物體。

依據這種分類所產生的描圖方法也有四種：

(1)一點描圖法——具有一個消失點。

(2)兩點描圖法——左、右各具有一個消失點。

(3)三點描圖法——左、右各具有一個消失點及上或下的第三個消失點。

(4)圓描圖法——使用橢圓或曲面方式作圖。

透視圖畫面便是利用以上四種描圖法，將物體描畫而成。

㈢透視圖常用名詞：參考（圖 3）

(1)畫面（Picture Point，簡稱 PP）——位於視點與物體之間，為一垂直面，相當於垂直投影面。透視圖即產生在此面上。

(2)地平面（Ground Plane，簡稱 GP）——觀察者所在之水平地面，即置放物體的水平面。與畫面垂直。

(3)地平線（Ground Line，簡稱 GL）——為地面與畫面之交線。

(4)視平面（Horizontal Plane，簡稱 HP）——與地面平行、且通過視點之水平面。

(5)視平線（Horizontal Line，簡稱 HL）——視平面與畫面之交線。

圖 3

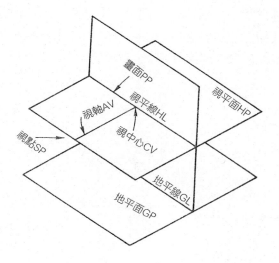

⑹視軸（Axis of Vision，簡稱 AV）──與畫面垂直之視線。

⑺視中心 (Center of Vision，簡稱 CV) ──視軸與畫面之交點。

⑻視點 (Point of Sight，簡稱 SP) ──又稱駐點 (Station Point)，
　即觀察者眼睛所在位置。

⑼視線 (Visual Ray)──由視點至物體各點之連接線。

⑽消失點（Vanishing Point，簡稱 VP）──透視圖面上所有斜
　線連接的集中點。

㈣視點位置的選擇

　　透視圖在一點描法和二點描法作圖時，所有視線會通過水平線上
的消失點。同時透視圖的表現，也是依照視點所在位置的高低，而產
生各種不同角度的圖面。因此，欲繪製優美的透視圖面，視點位置的
選擇是一個很重要的影響因素。關於繪製透視圖時，視點的選擇應注
意下列各要點：

　　⑴視中心應避免偏離物體中心太多或太少──如（圖 4）為視中
　　　心偏離物體中心太多或太少之透視圖。

圖 4

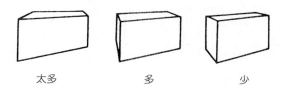

太多　　　　　多　　　　　少

⑵視角應界於 20° 至 30° 之間——如（圖 5）為不同視角時所產
　　生的透視圖。其中視角 (Angle of Vision) 為觀測物體時，與物
　　體相切的兩最外側視線間之夾角。

圖5

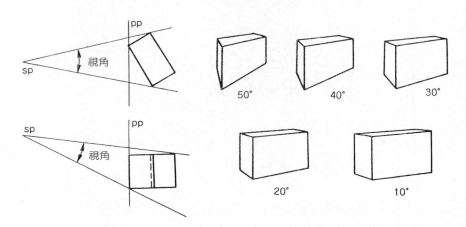

⑶俯角應界於 20° 至 30° 之間——如（圖 6）為不同俯角時所產
　　生的透視圖。其中俯角 (Angle of Elevation) 為觀測物體時，
　　水平視線與最下側視線間之夾角。

圖6

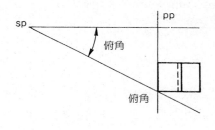

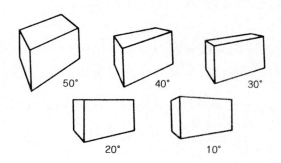

（圖 7、8）是以一汽車作各種視點角度變化的描繪，可供讀者參考、選擇。

圖7

圖8

7.2 平行透視圖法

平行透視圖又稱一點透視圖，是一種從物體正面觀看物體的表現方法。當視者從物體正面觀看物體時，物體三組稜線中有兩組（寬和高）和畫面互相平行，而有一組稜線（長）相互交於消失點。

㈠平行透視足線法

以下以立方體作平行透視的實例說明：

1.當立方體之一面與畫面重合時的作圖法

(1)（圖 9–a）。由 SP 視點作 AE 之平行線，與 HL 視平線相交於消失點 VP。

(2)（圖 9–b）。將立方體與畫面的重合面，投影至 GL 地平線上。並由側視圖引平行線交 A′、B′、C′、D′ 點，決定其高度。再連接 A′–VP，B′–VP，C′–VP 直線。

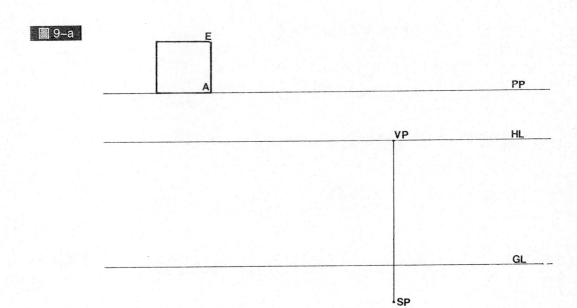

圖 9-a

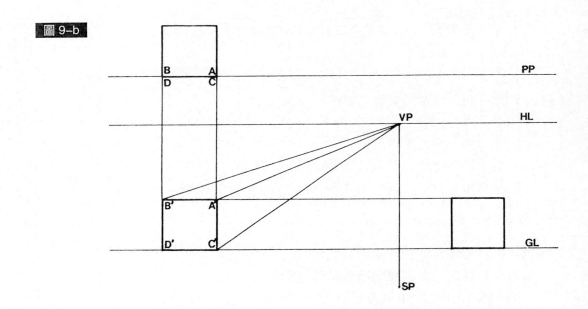

圖 9-b

(3) (圖9–c)。連接 E–SP 直線與 PP 畫面交於 X 點，引 X 點投影至 A′–VP 及 C′–VP 直線上，得 E′、G′ 兩點，連接 E′G′ 直線。

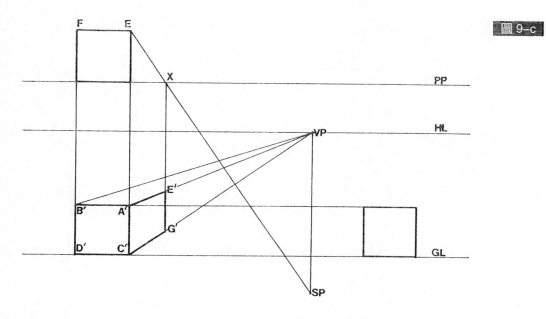

圖 9–c

(4) (圖9–d)。由 E′ 點引 A′B′ 之平行線，與 B′–VP 交於 F′ 點。連接各點，即得所求之透視圖。

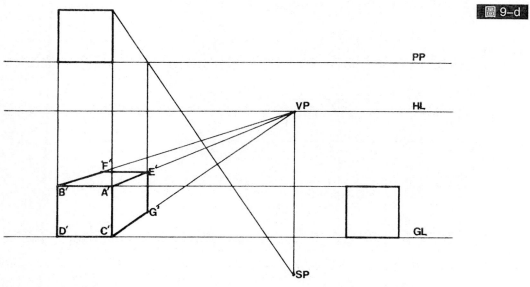

圖 9–d

2.當立方體不與畫面重合，但其中一面與畫面平行時的作圖法

(1) (圖 10-a)。由 SP 視點作 AE 之平行線，與 HL 視平線相交，得一消失點 VP。

圖 10-a

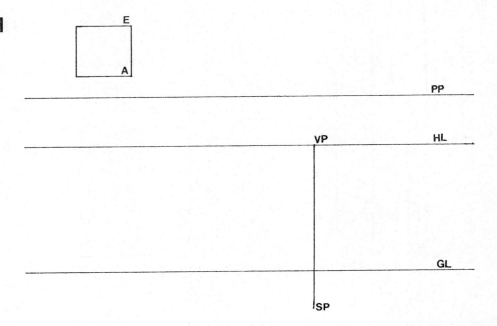

(2) (圖 10-b)。將立方體與畫面平行之面，投影至 GL 地平線上，由側面圖引平行線得 O′、P′、Q′、R′ 點。再連接 O′–VP、P′–VP、Q′–VP 直線。

圖 10-b

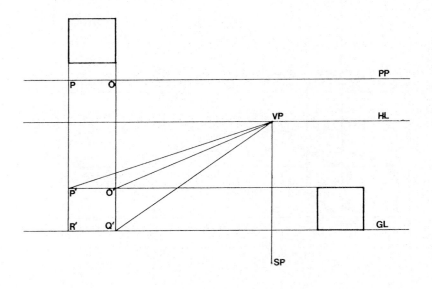

(3)（圖 10–c）。連接 A–SP，E–SP 直線與 PP（畫面）交 X、Y
兩點，引 X、Y 點投影至 O'–VP 及 Q'–VP 直線上，得 A'、
E'、C'、G' 四點。然後連接 A'C'、E'G' 直線。

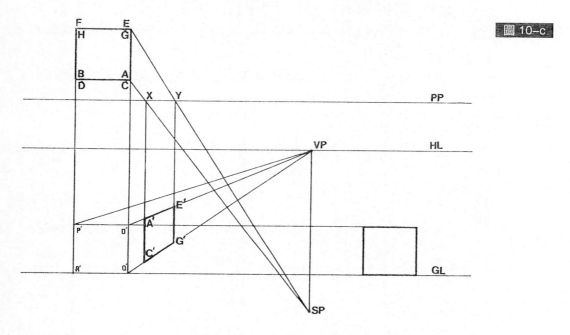

圖 10–c

(4)（圖 10–d）。由 A'、E' 兩點各引 O'P' 之平行線，與 P'–VP 交
於 B'、F' 兩點。再連接 A'B'、E'F' 直線，即得所求之透視圖。

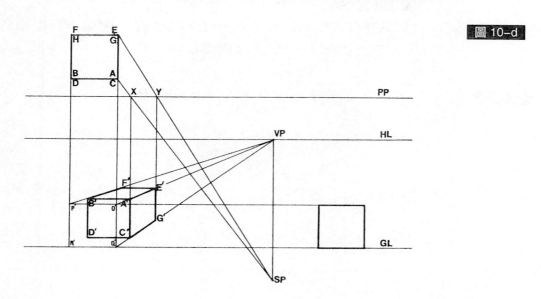

圖 10–d

㈡平行透視測點法

平行透視測點法的特點，是在繪製透視圖時，不用平面圖，而直接在基線上量畫平面的實際尺寸來作圖。作圖方法較足線法方便、快速。其測點為 45° 消失點的距離點。測點法又稱量點法或平面圖法。作圖步驟如下：

(1)（圖 11-a）。在平面圖中任意畫一中心視線與平面圖正交。

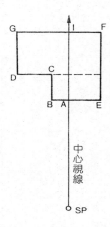

(2)（圖 11-b）中，量測平面圖的水平距離，由 A 向左、右轉畫在 GL 線上，得 D、B、E 三點。再連接 CV 與 D、B、E 各點間的直線。

(3)以視心 CV 為圓心，CV-SP 直線為半徑，畫弧，與 HL 相交於右距離點 DR 及左距離點 DL。

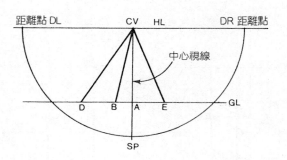

⑷量取平面圖之深度 BC、DG 線段，在（圖 11-c）以 E 為起點，
轉畫在 GL 上得 C′，G′ 兩點。

⑸連接 DR-C′，DR-G′ 交 CV-E 線於 1、2 兩點。過 1、2 點作
平行線與 CV-D 線相交 I、J 兩點。連接各點，即得地基透視
圖。

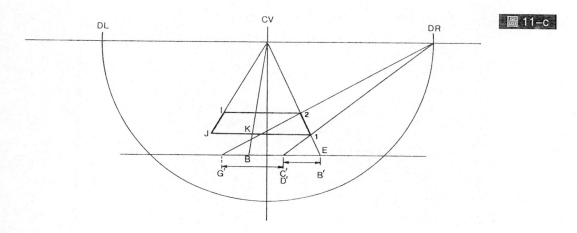

圖 11-c

⑹將高度投影至圖中，完成所需之透視圖，如（圖 11-d）。

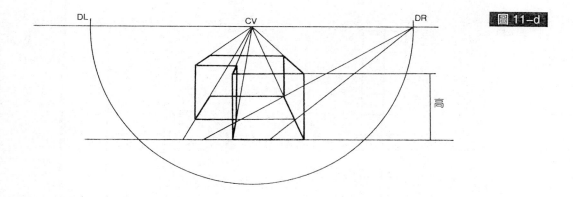

圖 11-d

（圖 12、13）是先將平面圖、立面圖作格狀分割，再利用上述測
點法作圖。此法可更精確的描繪平面和空間的透視位置。請讀者自行
參考、練習。

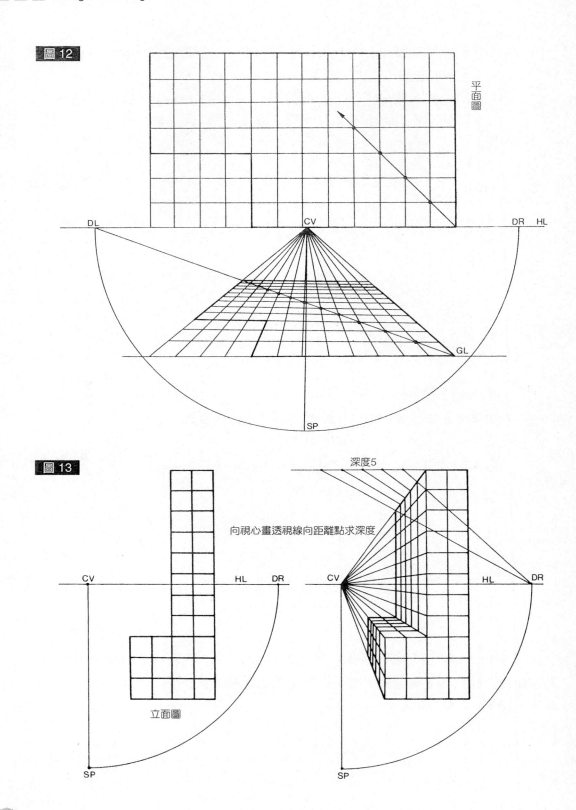

圖 12

平面圖

DL

CV

DR HL

GL

SP

圖 13

深度5

向視心畫透視線向距離點求深度

CV

HL DR

CV

HL DR

立面圖

SP

SP

（圖 14～16） 為平行透視圖的範例。

圖 14

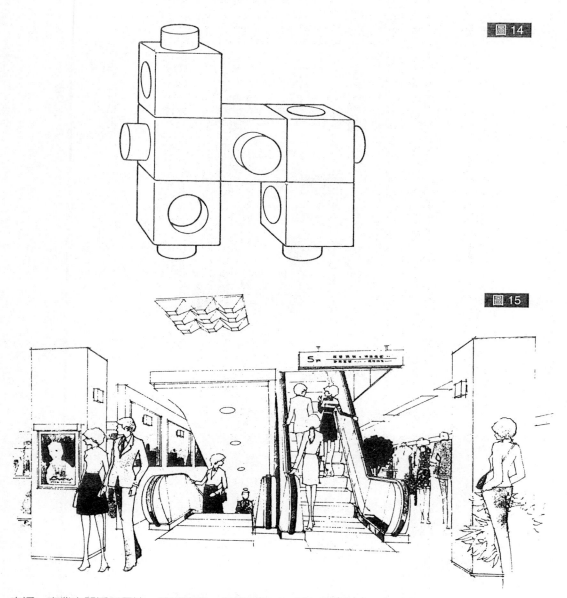

圖 15

來源: 商業空間透視圖法，吳宗鎮譯，北屋出版，p. 38，民國七十一年八月。

圖 16

7.3 有角透視圖法

　　有角透視圖法又稱二點透視圖法。是一種由物體斜面觀看物體的表現方法。當視者從物體斜面觀看物體時，物體三組稜線中，有一組稜線（高）與畫面平行，其餘二組稜線（長與寬）會與畫面斜交，而分別交於右、左消失點（VPR、VPL）。右、左兩消失點皆在視平線 HL 上。畫面與物體相交的角度，可任意決定，而消失點也隨著角度之變化而移動位置。

㈠有角透視圖足線法

　　以下以立方體作斜角透視足線法之圖例說明。

1.當立方體之一稜角與畫面重合時之作圖法

　　⑴（圖 17–a）。自 SP 視點作與 AB、BF 之平行線，分別與畫面 PP 相交於二點，將此二點投影至視平線 HL 上，得右消失點 VPR 與左消失點 VPL。

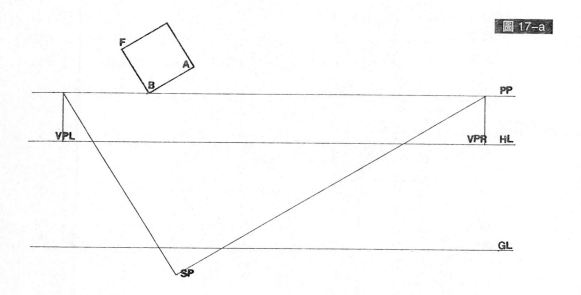

圖 17–a

(2)（圖 17–b）。將立方體與畫面重合的稜角，作垂線至地平線
　　GL 上。再由立面圖引平行線相交得 B′、D′ 點決定其高度。
　　然後將 B′、D′ 點分別與右、左消失點相連成直線。

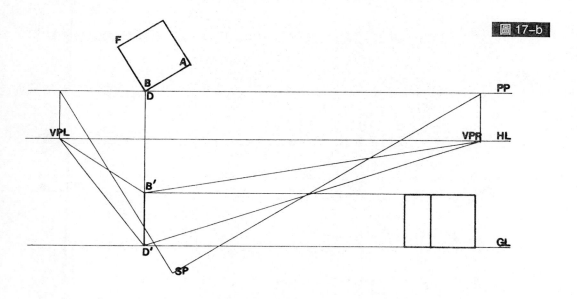

圖 17–b

(3)（圖 17–c）。連接 A–SP，F–SP 與畫面 PP 交於 X、Y 兩點，
將 X 點投影至 B′–VPR，D′–VPR 上得 A′、C′ 點，連接
A′C′ 直線。將 Y 點投影至 B′–VPL、D′–VPL 上得 F′、G′ 點，
連接 F′G′ 直線。

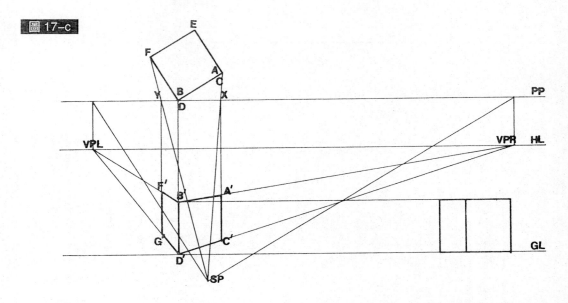

圖 17–c

(4)（圖 17–d）。連接 A′–VPL，F′–VPR，即得所求之透視圖。

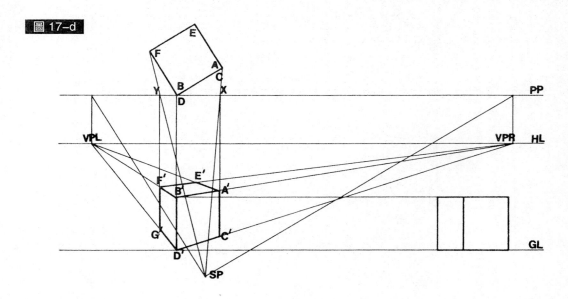

圖 17–d

2.當立方體不與畫面重合，但其中一稜角與畫面平行時之作圖法

(1) (圖 18-a)。自 SP 視點作與 AB、BF 之平行線，分別與畫面 PP 相交於二點，將此二點投影至視平線 HL 上，得右消失點 VPR 及左消失點 VPL。

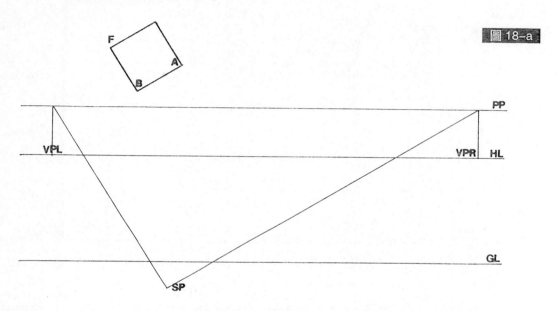

圖 18-a

(2) (圖 18-b)。延長 AB 線交畫面 PP 於 O 點。過 O 點畫垂直線至地平線 GL 上。再由立面圖引平行線相交得 O′、P′ 兩點，決定其高度。然後連接 O′–VPR、P′–VPR 直線。

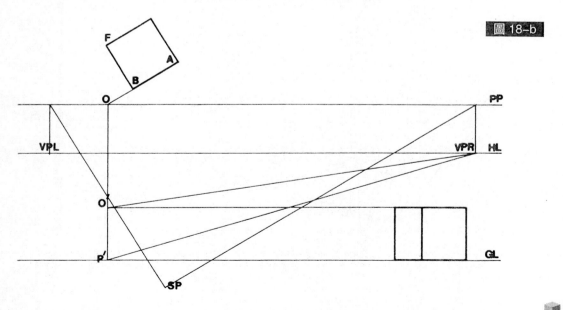

圖 18-b

(3) (圖 18–c)。連接 A、B、F 與 SP 之間各直線分別與畫面 PP
交於 X、Y、Z 三點，將 X、Y、Z 三點投影至 O′–VPR、P′–VPR
直線上得 A′、C′、B′、D′ 點。

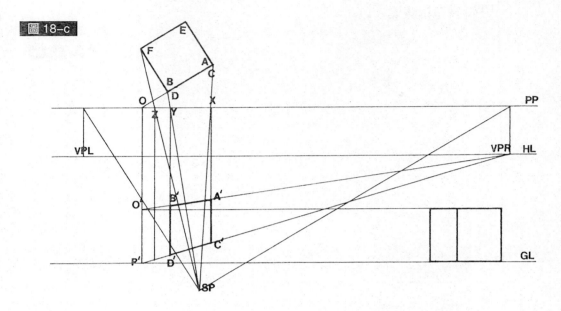

圖 18–c

(4) (圖 18–d)。連接 B′–VPL、D′–VPL 得 F′、H′ 點。連接
A′–VPL 得 E′ 點。再連接各點間直線，即得所求之透視圖。

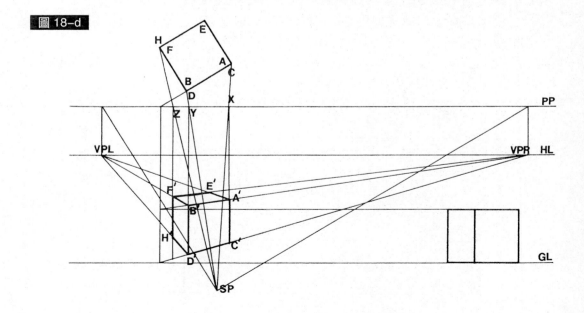

圖 18–d

㈡有角透視圖測點法

以下以長方體作有角透視測點法之實例說明:

⑴先決定 PP、HL、GL 三線和 SP 位置。

⑵(圖 19-a)。自 SP 點畫出兩相互垂直線與 PP 線交於 E、F 兩
　　點。將 E、F 點投影在 HL 線上得右消失點 VR 及左消失點
　　VL。

⑶以 E 為圓心,E–SP 為半徑畫弧交 PP 線於 G 點。以 F 為圓
　　心,F–SP 為半徑畫弧交 PP 線於 H 點。將 G、H 點投影在 HL
　　上得右測點 MR 及左測點 ML。

圖 19-a

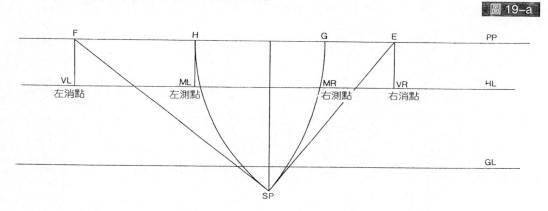

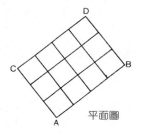

平面圖

⑷(圖 19-b)。在 GL 上任取一點 A。連接 A–VR、A–VL 直線。

⑸量取平面中 AB、AC 線段長度,以 A 為中心向右、左轉畫在
　　GL 線上,得 B、C 兩點。

⑹連接 B–ML 與 A–VR,相交於 I 點。
　　連接 C–MR 與 A–VL,相交於 J 點。
　　連接 I–VL 與 J–VR,相交於 K 點。即為基地透視圖。

圖 19-b

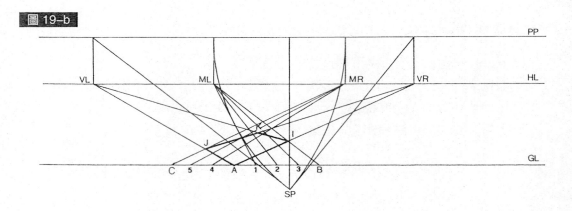

(7)（圖 19-c）。引入立面圖高度，即可得所求之透視圖。

圖 19-c

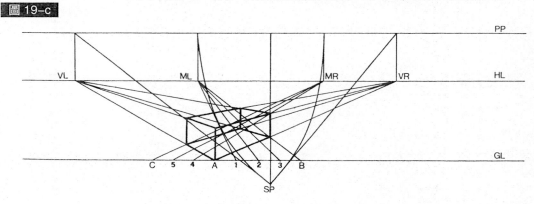

（圖 20～23）為有角透視圖範例，供讀者參考。

圖 20

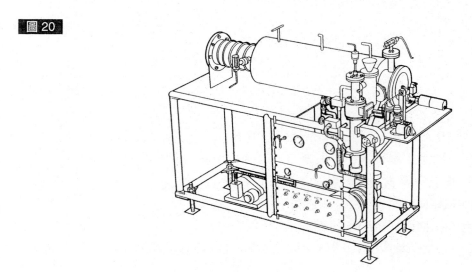

圖 21

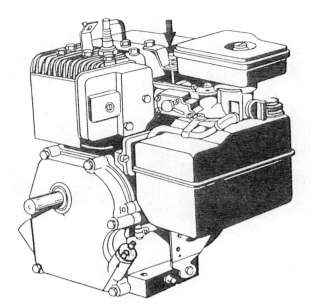

圖 22

圖 23

7.4　斜角透視圖法

　　斜角透視圖又稱三點透視圖法。是一種從物體上方由上而下觀看物體，或從物體下方由下而上觀看物體的表現方法。當視者從物體上方或下方觀看物體時，物體三組稜線（長、寬、高）均會與畫面作斜交，而分別交於右、左和下（或上）三消失點。其中右、左兩消失點會落在視平線 HL 上，下（或上）消失點會落在通過視點且垂直於視平線的直線上。畫面與物體相交的角度，可任意決定，而消失點也隨著角度之變化而移動位置。

㈠斜角透視圖足線法

　　以下以立方體作斜角透視足線法之實例說明：

　　⑴（圖 24–a）。先量畫出平面圖和立面圖投影。

　　⑵（圖 24–b）。旋轉 PP′ 線，使 PP′ 與 PP 垂直。

　　⑶（圖 24–c）。自 SP 作 AB、BF 之平行線與 PP 相交於二點，將此二點投影到 HL 上，得右消失點 VPR 及左消失點 VPL。

　　⑷自 SP′ 作 A′C′ 之平行線與 PP′ 線相交於 Q′ 點。自 Q′ 作水平投影與過 SP 的垂直線相交一點。此點即為下消失點 VPV。

　　⑸連接 SP′–B′ 直線與 PP′ 線相交於 X′ 點，自 X′ 點引水平線。且自 B 點引垂直線。兩線相交於 B″ 點。

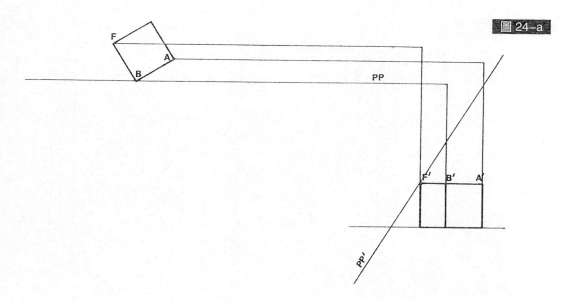

圖 24-a

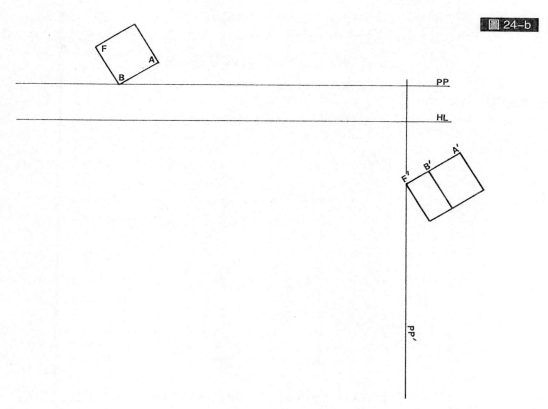

圖 24-b

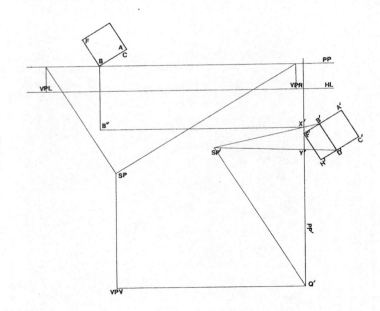

圖 24-c

(6)（圖 24-d）。連接 B″–VPR、B″–VPL、B″–VPV 三直線。

(7)連接 SP′–D′ 與 PP′ 相交一 Y′ 點，將 Y′ 點投影至 B″–VPV
上得 D″ 點，則 B″–D″ 為透視圖的高度。

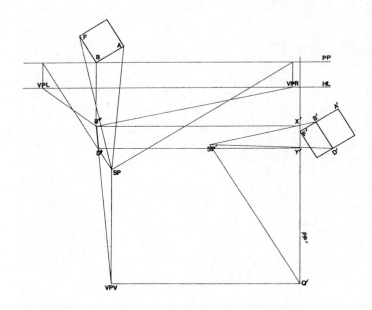

圖 24-d

(8)（圖 24-e）。連接 SP–A、SP–F 與 PP 線交於 X、Y 點，將 X、
Y 點投影至 B″–VPR、B″–VPL 上得 A″、F″ 兩點。

(9)連接 F″–VPV 與 A″–VPV 之線。

(10)連接 A″–VPV 與 D″–VPR 相交 C″ 點。連接 F″–VPY 與 D″–VPL 交於 H″ 點。

圖 24-e

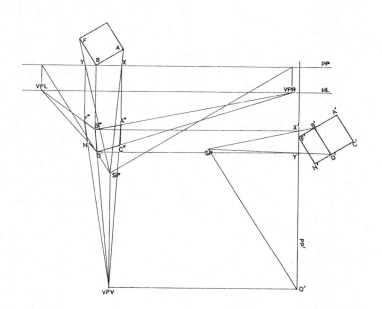

(11)(圖 24-f)。連接 A″–VPV 與 F″–VPR 相交於 E″ 點。將立方體各頂點互相連接，即得所求的透視圖。

圖 24-f

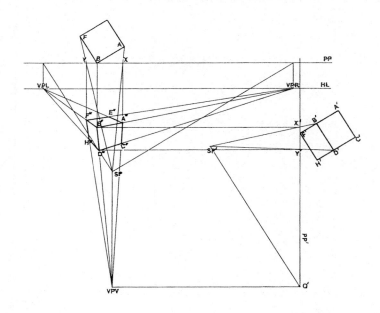

㈡斜角透視圖測點法

以俯視圖為例作斜角透視測點法:

(1) (圖 25–a)。畫一水平線 HL,在 HL 上取右消失點 VR 及左
消失點 VL。再以 VR–VL 為直徑畫圓。

(2)在 VR–VL 上任取一點 P。過 P 作 VR–VL 的垂直線交上半圓
周於 SP_1 點,並在下半圓內之垂直線上任取一 G 點。

(3)連接 G–VR,其延長線交圓周於 E 點。連接 G–VL,其延長
線交圓周於 F 點。

圖 25–a

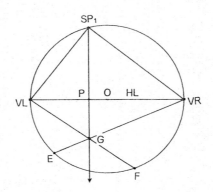

(4) (圖 25–b)。連接 VR–F,其延長線交 P 點之垂直線於 VV 點。

圖 25–b

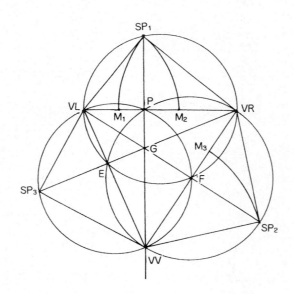

(5)以 VR–VV 為直徑畫圓，與 VL–F 延長線交於 SP_2 點，且圓
　　周會經過 P、E 兩點。

(6)以 VL–VV 為直徑畫圓，與 VR–E 延長線交於 SP_3 點，且圓
　　周會經過 P、F 兩點。

(7)以 VR 為圓心，VR–SP_1 為半徑，畫弧，交 VL–VR 於測點 M_1。
　　以 VL 為圓心，VL–SP_1 為半徑，畫弧，交 VL–VR 於測點 M_2。
　　以 VV 為圓心，VV–SP_2 為半徑，畫弧，交 VR–VV 於測點 M_3。

(8)（圖 25–c）。在 G 點附近任取一 A 點，過 A 點畫一平行於

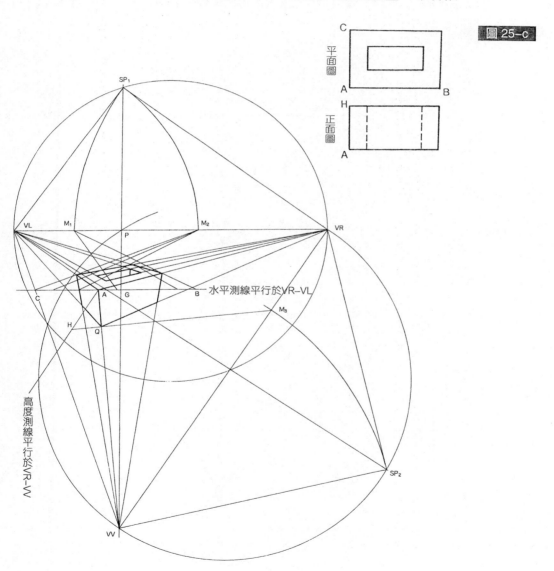

圖 25–c

VL–VR 之水平測線。量取平面圖各長度，轉畫在水平測線
上，再依有角透視測點法畫出其基地透視圖。

(9)過 A 點畫一平行於 VR–VV 之高度測線。量取正面圖 AH 高
度，轉畫在高度測線上。連接 H–M₃ 直線，交 A–VV 於 Q 點，
則 AQ 即為透視高度。

(10)引入正面圖高度作圖，即可得所求之透視圖。

（圖 26–a、b、c）為斜角透視測點法的仰視圖作圖法，請讀者參
考上述作圖方法，自行練習體會。

圖 26–a

偏位三點透視（仰視）

圖 26–b

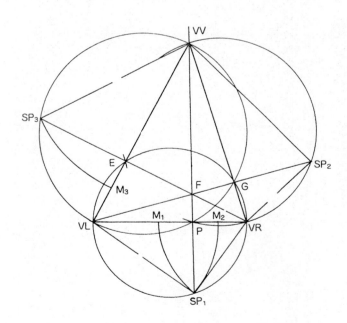

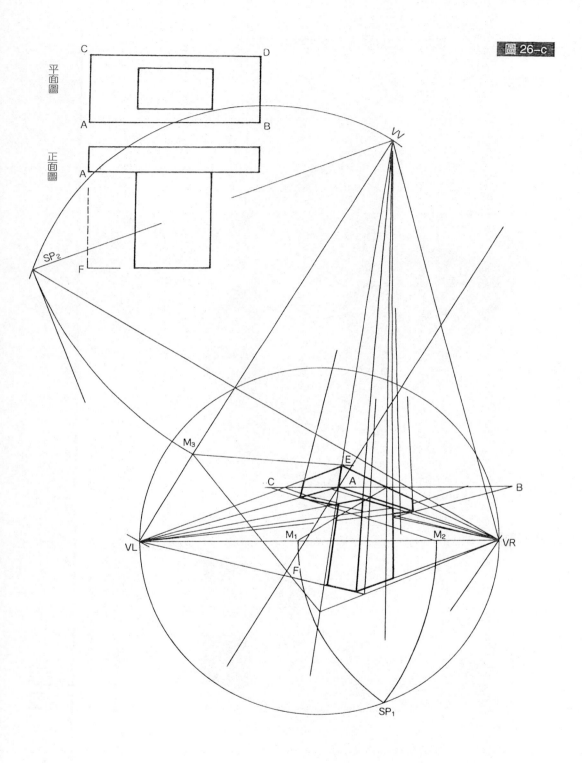

圖 26-c

平面圖

正面圖

（圖 27、28）為斜角透視圖範例。

圖27

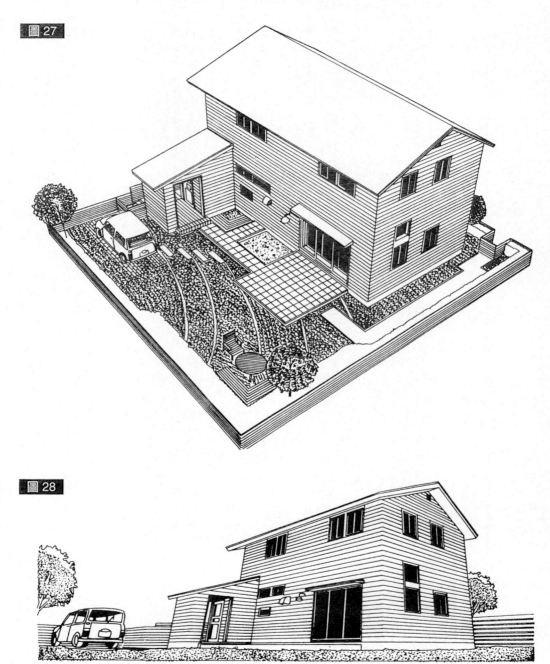

圖28

7.5 俯瞰圖和鳥瞰圖

俯瞰圖和鳥瞰圖都係從物體上空，由上而下眺望而形成的表現圖面。俯瞰圖一般使用於室內等地方，從視野狹窄處所見情況。而鳥瞰圖是以物體為對象中心，從闊大的視野由上而下所見的景觀。

俯瞰圖和鳥瞰圖表現，是運用本章所提的平行透視、有角透視和斜角透視三種方法來作圖。(圖 29、30) 為俯瞰圖和鳥瞰圖範例。

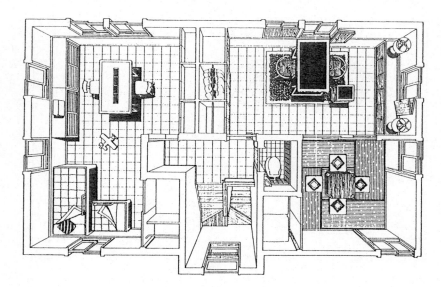

圖 29

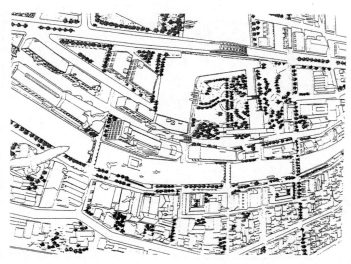

圖 30

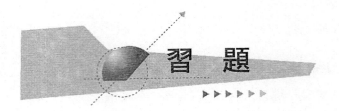

請依據（圖 1～7）所示的平面圖、立面圖，繪出一點透視、兩點透視和三點透視。

圖1

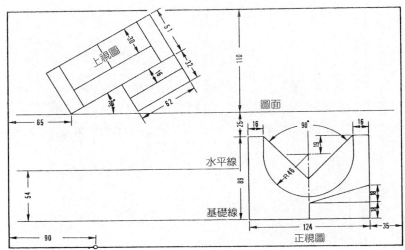

單位：公分

圖2

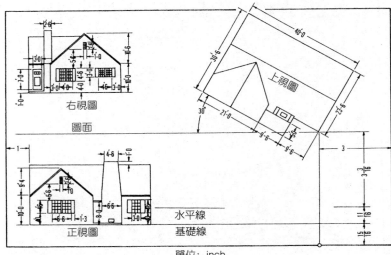

單位：inch

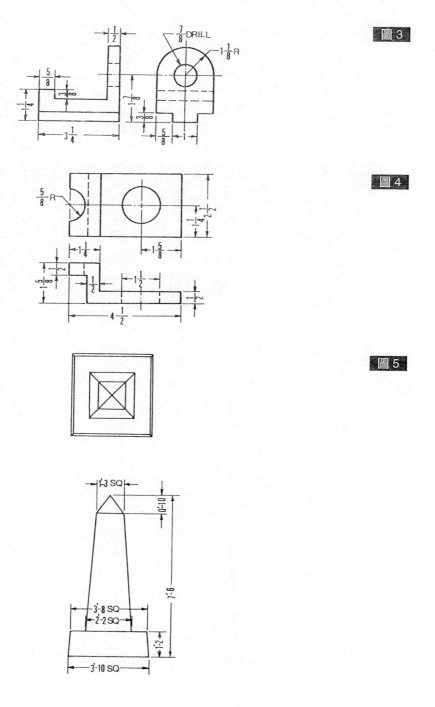

圖 3

圖 4

圖 5

圖6

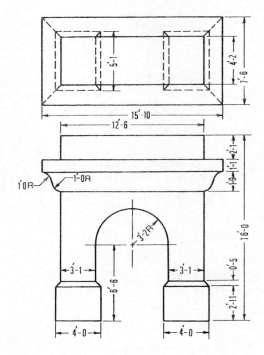

圖7

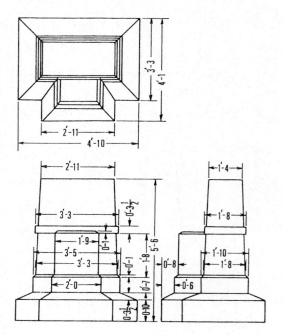

第8章 展開圖

8.1 展開圖概論

　　有時，某些工作因施工情況，需要物體全面或部分表面的實際尺寸，如：金屬薄片造形，需要一模型的全面展開實際尺寸，才可經由輕輾、摺等手續，製造成所需的物體造形。這種將整個表面展開的過程，稱為該面之展開。這種展開平面的實際繪圖，稱為展開圖，見（圖1）。

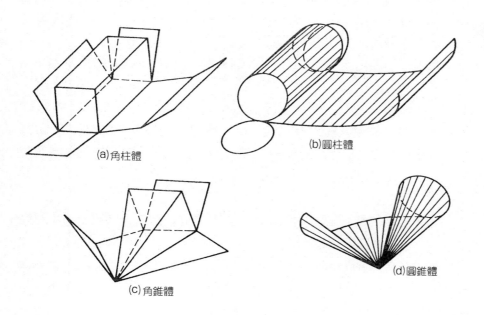

圖1

(a)角柱體

(b)圓柱體

(c)角錐體

(d)圓錐體

8.2 直角柱體展開（見（圖2））

(1)先量畫直角柱體的平面圖、立面圖和輔助圖，如（圖2-a）。

(2)畫展開圖的伸展線 (Stretch-out-line)。伸展線為立面圖底線的延長線。

設 計 圖 法 Design Drawing

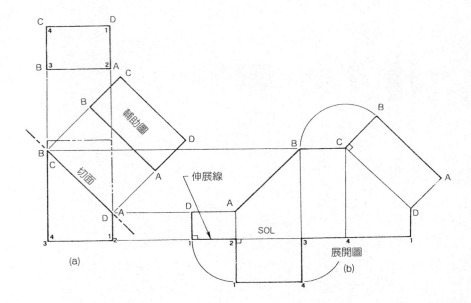

(a) (b)

(3)量取（圖 2–a）中平面圖之 1–2，2–3，3–4，4–1，各直線實
　際長度，轉畫在伸展線上，如（圖 2–b）。

(4)自伸展線上，1，2，3，4 各點作垂直於伸展線的摺線 (Bend
　line)。

(5)量取（圖 2–a）中立面圖之 A–2，B–3，C–4，D–1，各直線
　實際長度，轉畫在（圖 2–b）摺線上，得 A、B、C、D 點。

(6)連接 D–A，A–B，B–C，C–D 即完成直角柱體側面之展開。

(7)量取（圖 2–a）中輔助圖各實際長度，轉畫至（圖 2–b）的斜
　面上。

(8)量取（圖 2–a）中平面圖各實際長度，轉畫至（圖 2–b）的底
　面，即為所求。

　　至於斜角柱的展開，見（圖 3），先作斜柱面的垂直線 WX，以 WX
為基準，將 WX 移成水平作伸展線。再利用直角柱展開方式作圖，即
可求得斜角柱的展開圖。

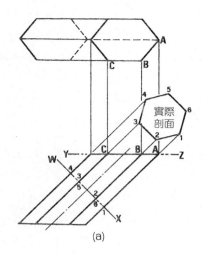 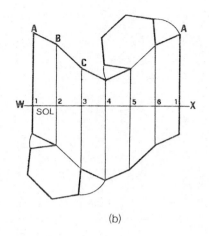

圖 3

(a)　　　　　　　　　　　(b)

8.3　直圓柱體展開（見（圖 4 ））

(1)先量畫直圓柱體之平面圖、立面圖和輔助圖。將平面圖的圓
周分成 16 等分，分別投影至立面圖上，如（圖 4-a）。

(2)畫伸展線。伸展線為立面圖底線的延長線。

(3)量取平面圖圓周上各等分弧實際長度，轉畫在伸展線上，再
將所得各點作伸展線的垂直線（稱為元線）。

(4)將（圖 4-a）立面圖斜面上 A、B、C、D、…、H 各點作平
行投影與（圖 4-b）元線相交於 A、B、C、D、…、H 各點。

(5)連接 A、B、C、D、…、H、…、B、A 各點成一平滑曲線，
即完成正圓柱體側面的展開圖。

(6)在（圖 4-b），取 HA 曲線的中點 K。過 K 點作切線，再過 K
點作切線的垂直線 KJ，而橢圓的短軸正好落在此 KJ 直線上。

(7)量取（圖 4-a）中橢圓的實際長度，轉畫到（圖 4-b）上，使
橢圓和 HA 曲線相切 K 點，且使橢圓短軸和 KJ 直線重合。

(8)量取（圖 4-a）平面圖中圓周的實際長度，轉畫於（圖 4-b）
的底面，即得所求之展開圖。

至於斜圓柱的展開，見（圖 5），先作斜柱面的垂直線 WX，以 WX
為基準，將 WX 移成水平作伸展線。再使用直圓柱展開方式作圖，即
可求得斜圓柱的展開圖。

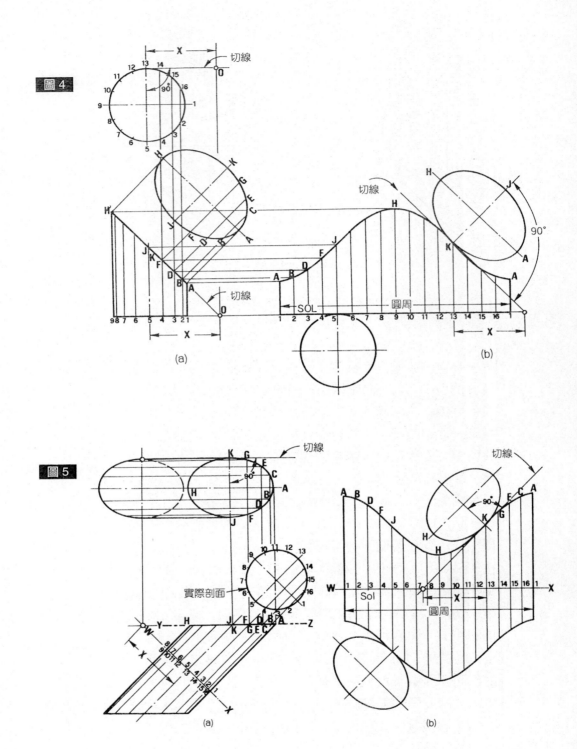

圖4

圖5

8.4 直角錐體展開（見（圖6））

(1)先量畫直角錐體的平面圖、立面圖和輔助圖，如（圖6-a）。

(2)以平面圖的 O 點為圓心，以 O–1，O–3 直線為半徑畫弧和 X 軸相交 1′，3′ 點。

(3)將平面圖之 1′，3′ 點投影至立面圖底線上，則 O–1′，O–3′ 為側面展開的實際長度。

(4)在（圖6–b）上任取一 O 點，以 O 點為圓心，O–1′ 為半徑畫弧，並在弧上任取一 1′ 點。

(5)量取平面圖上 1–2，2–3，3–4，1–4 實際長度，以 1′ 為起點，轉畫在（圖6–b）的弧上，得 2′，3′，4′ 各點。

(6)在（圖6–b）中，連接 O 點與 1′，2′，3′，4′ 各點間之直線，即求得正直角錐體的側面展開圖。

(7)在平面圖、立面圖和輔助圖上，量得角錐體缺口的實際長度，再運用上述方法轉畫在（圖6–b）上。

(8)將底面之平面圖，轉畫在（圖6–b）側面展開的底部。即完成所求之直角錐體展開圖。

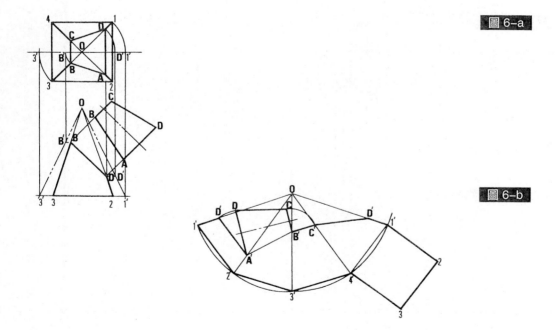

圖6-a

圖6-b

8.5　直立圓錐體展開（見（圖 7 ））

⑴先量畫直立圓錐體的平面圖、立面圖和輔助圖，如（圖 7–a、
　b）。

⑵將（圖 7–b）平面圖中圓周分成 12 等分，連接各等分點與 O
　點間的直線。

⑶將平面圖各等分點，分別投影在立面圖底線上。令立面圖上
　的 O–1 直線為 S，則 S 為側面展開的實際長度。

⑷在（圖 7–c）上任取一 O 點，以 O 點為圓心，S 為半徑畫弧，
　且在弧上任取一 1 點。以 1 為起點，量取平面圖 12 等分弧的
　實際長度，轉畫在（圖 7–c）的圓弧上。連接 O 點和各點間
　之直線，即得正圓錐體展開圖。

⑸在平面圖、立面圖和輔助圖上，量得圓錐體缺口的實際長度，
　運用上述方法，轉畫在（圖 7–c）上，得 A，B′，C′，D′，…，
　L′ 各點。

⑹連接 A，B′，C′，D′，…，L′，A 各點成一平滑曲線。即完
　成所求之圓錐體展開圖。

◀圖 7–a

▶圖 7–b

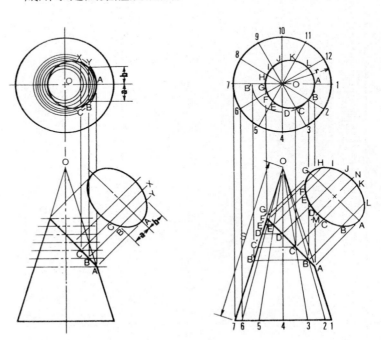

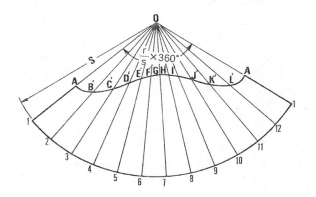

圖 7-c

8.6 斜角錐體展開（見（圖 8））

(1)先量畫斜角錐體的平面圖和立面圖，如（圖 8-a）。

(2)在平面圖上以 O 點為圓心，O–1，O–2 直線為半徑畫弧，相交 X 軸於 1′，2′ 點，將 1′，2′ 點投影在立面圖底線上，連接立面圖的 O–1′，O–2′ 直線，得 O–1，O–2 直線在展開時之真實長度。

(3)利用相同方法求得 O–3′，O–4′ 直線。

(4)在（圖 8–b）上任取一 O 點，以 O 點為圓心，立面圖 0–1′ 直線為半徑畫弧，在弧上任取一 1′ 點，再以 1′ 點為圓心，平面圖之 1–2 直線為半徑畫弧，與上弧相交於 2′ 點，連接 O，1′，2′ 三點成三角形。

(5)以 O，2′ 點為圓心，立面圖 O–3′ 和平面圖 O–3 直線為半徑畫弧，使兩弧相交於 3′ 點，連接 O，2′，3′ 三點成三角形。

(6)以此類推，求得三角形 O3′4′、O1′4′，即得無缺口的斜角錐體展開圖。

(7)在平面圖、立面圖上，量得上部缺口的實際長度，運用上述方法轉畫在（圖 8–b）上，得 A′、B′、C′、D′ 各點。連接各點，即完成所求之展開圖。

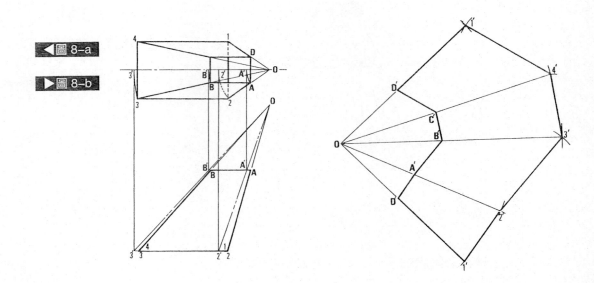

◀圖 8-a

▶圖 8-b

8.7　斜圓錐體展開（見（圖 9 ））

(1)先量畫斜圓錐體的平面圖、立面圖。將平面圖圓周分成 12 等
　分。

(2)將上述各點投影在立面圖底線上。連接 O 點與底線各點間之
　直線。

(3)在（圖 9 ）上任取一 O 點，以 O 點為圓心，立面圖 O–1 直線
　為半徑畫弧，弧上任取一 1′ 點。

(4)以 1′ 為圓心，平面圖上 1、2 兩點間的直線距離為半徑畫弧。
　再以 O 點為圓心，立面圖上 O–2 直線為半徑畫弧，兩弧相交
　於 2′ 點。

(5)以 2′ 點為圓心，平面圖上 2、3 兩點間的直線距離為半徑畫
　弧。再以 O 點為圓心，立面圖上 O–3 直線為半徑畫弧，求得
　4′，5′，6′，7′ 各點。

(6)以此類推，求得 4′，5′，6′，7′ 各點。

(7)連接 1′，2′，3′，4′，…，7′ 各點與 O 點之間各直線。

(8)連接 1′，2′，3′，…，7′ 各點成一平滑曲線，即得所求展開圖
　的一半。

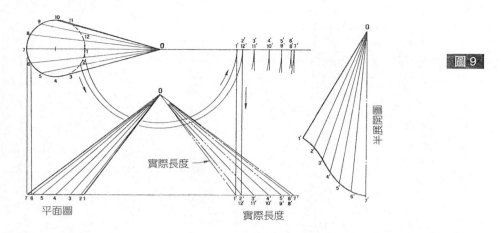

圖 9

8.8 複合體展開

　　如（圖 10）為兩四角柱相連貫的複合體之展開。展開步驟，首先求兩四角柱的交線，然後再將各柱體分別展開。其分別展開方式與前面所述直立柱展開方式相同。請讀者自行參閱、學習。

圖 10

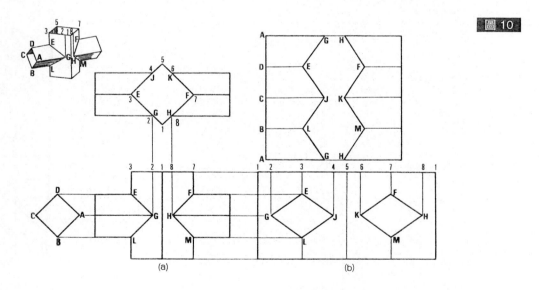

　　以下圖例，由（圖 11〜15）為其他複合體的展開，編列於後供讀者自行參考。

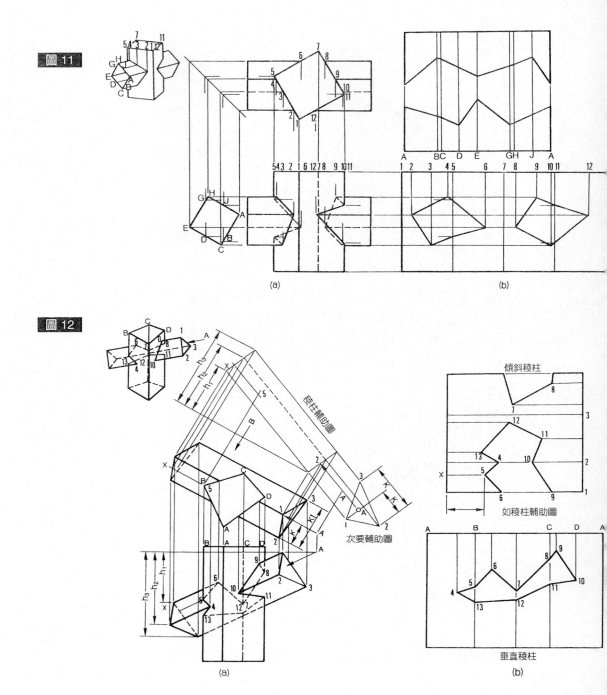

圖 11

(a)

(b)

圖 12

稜柱輔助圖

次要輔助圖

傾斜稜柱

如稜柱輔助圖

垂直稜柱

(a)

(b)

圖 13

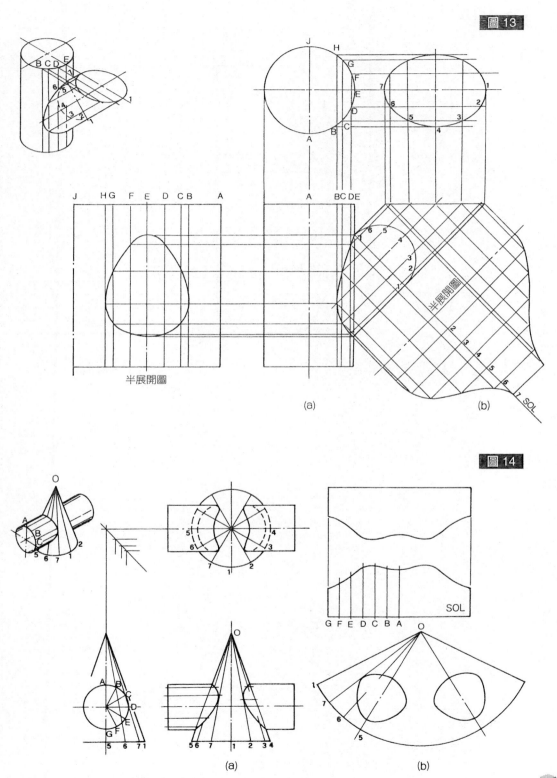

半展開圖

(a)

半展開圖

SOL

(b)

圖 14

SOL

G F E D C B A

(a)

(b)

圖 15

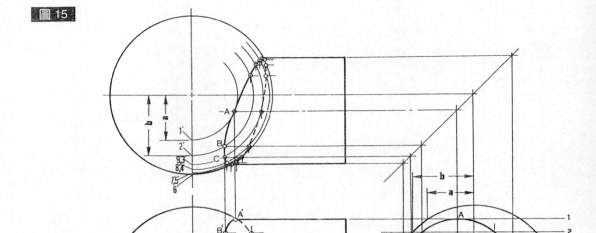

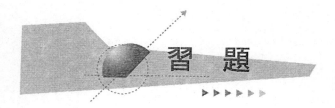

請依（圖 1～12）所示的平面圖、立面圖繪成展開圖。

圖 1 ◀

圖 2 ▶

圖 3 ◀

圖 4 ▶

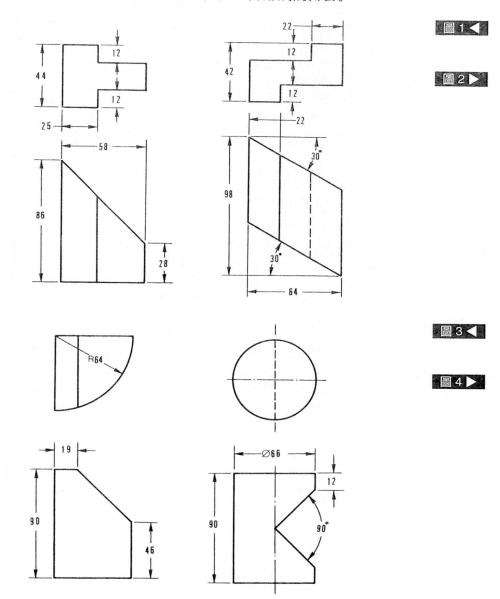

185

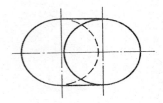

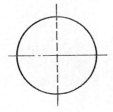

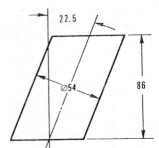

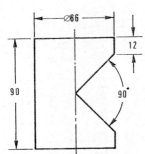

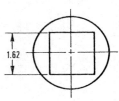

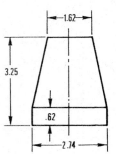

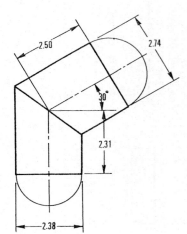

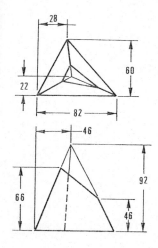

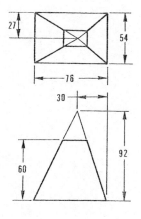

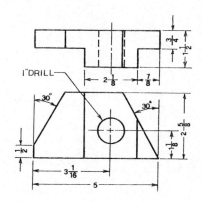

圖 11

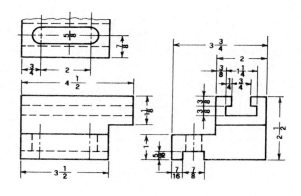

圖 12

第**9**章 電腦繪圖

　　電腦繪圖及電腦輔助繪圖，包含了設計者可以運用程式語言來加以達成繪圖的目的；設計者亦可憑所購買的套裝軟體來協助完成圖面的繪製，以求得圖面的清爽及迅速。由於此領域包含了不同的圖學與電腦科技的研究，同時隨著電腦的普及，電腦繪圖早已形成工程及設計師們欲搶先掌握運用的新工具。

　　本章的目的旨在淺易的簡介電腦繪圖的基本概念，促使習者於熟稔設計圖法之餘，對於既實用又可靠划算的電腦繪圖也能多加熟悉，畢竟其為一新科技的潮流，未來必成為設計上不可或缺的工具。一般而言，電腦繪圖可分為圖形表示、圖形準備、呈現已準備好之圖形及圖形交談等，這些項目構成了電腦繪圖的整體概念。

　　再者，使用電腦來製作動畫影片，更為影像世界創造了一個新的紀元，對於一位設計者而言，以往需精描甚至攝影的逼真質感、投影及正確的透視之立體圖法，早隨電腦繪圖的著色效果的演進及各種精密的計算，起了革命性的變化。尤有甚者，今日從事製作者，更不需一張張以傳統的方式來進行，已可由電腦繪圖功能，製造出令人驚異的畫面，這完全是拜電腦繪圖科技之賜。

9.1　電腦繪圖

　　要使電腦繪圖能順利工作，應隨不同的套裝軟體或使用者個人的需求而配備相當的硬體規劃；電腦元件為：

　　(1)電腦主機：以高容量的主記憶體為佳。

　　(2)數學副微處理器：即一般所謂浮點運算器，主要功能在增加電腦數值運算的速度；有些套裝軟體，無此配備即無法驅動。

　　(3)硬式磁碟機：10 MB 或以上更多容量更佳，存放軟體檔案之用。

　　(4)軟式磁碟機：1.2 MB 容量者更佳。

(5) RS–232 埠： 為串列輸出埠，應配備於主機上。

(6)螢幕： 為求影像解析度品質，VGA 之規劃是必要的。

(7)輸入設備：一般而言，鍵盤、數位板、滑鼠、光筆、或 SCANA 端視使用需求而規劃配備。

(8)輸出設備： 如繪圖機、印表機等，市面上有多種廠牌，所具備的功能不同，使用者應衡量所需輸出規格、彩色與否、品質解析度及經濟考量而加以選擇規劃。

9.2 微電腦程式繪圖

欲學習電腦程式繪圖當先學習其數學基本原理，習者若有興趣，坊間另有專門書籍詳加介紹。而究其原理，首先考慮點和線的表示法與轉換，甚至構思物體時，其標度、旋轉、平移、透視或隱藏等的轉換，均可由數學方法以程式編寫來加以完成。如（圖 1、2）即由電腦程式所完成。另（圖 3）之圖樣即由（表 1）程式範例所完成。

圖 1

```
CLS
INPUT "R = THE CENTER TO THE SIDE"; R
INPUT "H = THE NUMBER OF LINE IN ONE SIDE"; H
INPUT "INPUT THE NUMBER OF THE SEQUARE IN ONE SIDE"; L
INPUT "DO YOU WANT TO USE THE PLOTTER Y/N?"; Y$
N = 4:
SCREEN 12
CLS
PXC = 4000: PYC = 6000
IF Y$ = "Y" THEN OPEN "COM2:1200, E, 7, 1, CS65535" FOR RANDOM AS #1
IF Y$ = "Y" THEN PRINT #1, "IN; SP1; PU; PA; PU; PXC,PYC;"
WINDOW (−640, −480) – (640, 480)
DIM X(4 * H + 4), Y(4 * H + 4)
PI = 3.14159
A = 2 * PI/N
DX = 2 * R * SIN(A/2)/(H + 1): DY = 2 * R * COS(A/2)/(H + 1)
XC0 = 0: YC0 = 0
XC1 = XC0 – (L – 1) * R * SIN(A/2): YC1 = YC0 – (L – 1) * R * COS(A/2)
FOR P = 0 TO (L – 1)
FOR Q = 0 TO (L – 1)
XC = XC1 + 2 * R * SIN(A/2) * Q
YC = YC1 + 2 * R * SIN(A/2) * P
FOR B = 1 TO H + 1
X(0) = XC + R * COS(A/2): Y(0) = YC + R * SIN(A/2)
X(B) = X(B – 1)
Y(B) = Y(B – 1) – DY
NEXT B
```

```
FOR B = H + 2 TO 2 * H + 2
X(B) = X(B – 1) – DX
Y(B) = Y(B – 1)
NEXT B
FOR B = 2 * H + 3 TO 3 * H + 3
X(B) = X(B – 1)
Y(B) = Y(B – 1) + DY
NEXT B
FOR B = 3 * H + 4 TO 4 * H + 4
X(B) = X(B – 1) + DX
Y(B) = Y(B – 1)
NEXT B
FOR K = 0 TO 4 * H + 3
LINE (XC, YC) – (X(K), Y(K))
PS = 8
IF Y$ = "Y" THEN PRINT #1, "PU"; XC * PS + PXC; ","; YC * PS + PYC; ";"
IF Y$ = "Y" THEN PRINT #1, "PD"; X(K) * PS + PXC; " , "; Y(K) * PS + PYC; "; "
NEXT K
NEXT Q
NEXT P
IF Y$ = "Y" THEN PRINT #1, "PU; "
IF Y$ = "Y" THEN PRINT #1, "SP; "
CLOSE #1
END
```

圖2

```
CLS
INPUT "R = FORM THE CENTER TO THE SIDE"; R
INPUT "H = THE NUMBER OF LINE IN ONE SIDE"; H
INPUT "INPUT THE NUMBER OF THE SEQUARE IN ONE SIDE"; L
INPUT "DO YOU WANT TO USE THE PLOTTER Y/N?"; Y$
N = 4
SCREEN 12
CLS
PXC = 4000 : PYC = 5000 : PS = 8
IF Y$ = "Y" THEN OPEN "COM2 : 1200,E,7,1,CS65535" FOR RANDOM AS #1
IF Y$ = "Y" THEN PRINT #1, "IN; SP1; PU; PA; PU; PXC, PYC; "
WINDOW (-640, -480) - (640, 480)
DIM X1(H + 1), Y1(H + 1), X2(H + 1), Y2(H + 1)
PI = 3.14159
A = 2 * PI/N
DX = R * SIN(A/2)/(H + 1) : DY = R * COS(A/2)/(H + 1)
XC0 = 0 : YC0 = 0
XC1 = XC0 - (L - 1) * R * SIN(A/2) : YC1 = YC0 - (L - 1) * R * COS(A/2)
FOR P = 0 TO (L - 1)
FOR Q = 0 TO (L - 1)
XC = XC1 + 2 * R * SIN(A/2) * Q
YC = YC1 + 2 * R * SIN(A/2) * P
FOR B = 0 TO H + 1
X1(B) = XC - DX * B
X2(B) = XC + DX * B
Y1(B) = YC - DY * B
Y2(B) = YC + DY * B
NEXT B
A2 = H + 1
LINE (X1(A2), Y1(A2)) - (X2(A2), Y2(A2)), , B
LINE (XC, Y1(A2)) - (XC, Y2(A2)) : LINE (X1(A2), YC) - (X2(A2), YC)
IF Y$ = "Y" THEN PRINT #1, "PU"; XC * PS + PXC; ","; Y1(H + 1) * PS + PYC; ";"
IF Y$ = "Y" THEN PRINT #1, "PD"; XC * PS + PXC; ","; Y2(H + 1) * PS + PYC; ";"
IF Y$ = "Y" THEN PRINT #1, "PU"; X1(H + 1) * PS + PXC; ","; YC * PS + PYC; ";"
IF Y$ = "Y" THEN PRINT #1, "PD"; X2(H + 1) * PS + PXC; " ,"; YC * PS + PYC; ";"
IF Y$ = "Y" THEN PRINT #1, "PU"; X1(H + 1) * PS + PXC; ","; Y1(H + 1) * PS + PYC; ";"
IF Y$ = "Y" THEN PRINT #1, "PD"; X1(H + 1) * PS + PXC, Y2(H + 1) * PS + PYC, X2(A2) *
    PS + PXC, Y2(A2) * PS + PYC, X2(A2) * PS + PXC, Y1(A2) * PS + PYC, X1(A2) * PS + PXC,
    Y1(A2) * PS + PYC; ";"
FOR K = 0 TO H
A0 = H + 1 - K : A1 = K + 1
A2 = H + 1
LINE (XC, Y2(H + 1 - K)) - (X1(K + 1), YC)
LINE (XC, Y1(H + 1 - K)) - (X1(K + 1), YC)
LINE (XC, Y2(H + 1 - K)) - (X2(K + 1), YC)
LINE (XC, YI(H + 1 - K)) - (X2(K + 1), YC)
LINE (X1(H + 1), Y2(K)) - (X1(H - K), Y2(H + 1))
LINE (X1(H + 1), Y1(K)) - (X1(H - K), Y1(H + 1))
LINE (X2(H + 1), Y2(K)) - (X2(H - K), Y2(H + 1))
LINE (X2(H + 1), Y1(K)) - (X2(H - K), Y1(H + 1))
'PLOTTER
IF Y$ = "Y" THEN PRINT #1, "PU"; XC * PS + PXC; ","; Y2(H + 1 - K) * PS + PYC; ";"
```

```
IF Y$ = "Y" THEN PRINT #1, "PD"; X1(K + 1) * PS + PXC; ","; YC * PS + PYC; ";"
IF Y$ = "Y" THEN PRINT #1, "PU"; XC * PS + PXC; ","; Y1(H + 1 − K) * PS + PYC; ";"
IF Y$ = "Y" THEN PRINT #1, "PD"; X1(K + 1) * PS + PXC; ","; YC * PS + PYC; ";"
IF Y$ = "Y" THEN PRINT #1, "PU"; XC * PS + PXC; ","; Y2(H + 1 − K) * PS + PYC; ";"
IF Y$ = "Y" THEN PRINT #1, "PD"; X2(K + 1) * PS + PXC; ","; YC * PS + PYC; ";"
IF Y$ = "Y" THEN PRINT #1, "PU"; XC * PS + PXC; ","; Y1(H + 1 − K) * PS + PYC; ";"
IF Y$ = "Y" THEN PRINT #1, "PD"; X2(K + 1) * PS + PXC; ","; YC * PS + PYC; ";"
IF Y$ = "Y" THEN PRINT #1, "PU"; X1(H + 1) * PS + PXC; ","; Y2(K) * PS + PYC; ";"
IF Y$ = "Y" THEN PRINT #1, "PD"; X1(H − K) * PS + PXC; ","; Y2(H + 1) * PS + PYC; ";"
IF Y$ = "Y" THEN PRINT #1, "PU"; X1(H + 1) * PS + PXC; ","; Y1(K) * PS + PYC; ";"
IF Y$ = "Y" THEN PRINT #1, "PD"; X1(H − K) * PS + PXC; ","; Y1(H + 1) * PS + PYC; ";"
IF Y$ = "Y" THEN PRINT #1, "PU"; X2(H + 1) * PS + PXC; ","; Y2(K) * PS + PYC; ";"
IF Y$ = "Y" THEN PRINT #1, "PD"; X2(H − K) * PS + PXC; ","; Y2(H + 1) * PS + PYC; ";"
IF Y$ = "Y" THEN PRINT #1, "PU"; X2(H + 1) * PS + PXC; ","; Y1(K) * PS + PYC; ";"
IF Y$ = "Y" THEN PRINT #1, "PD"; X2(H − K) * PS + PXC; ","; Y1(H + 1) * PS + PYC; ";"
NEXT K
NEXT Q
NEXT P
IF Y$ = "Y" THEN PRINT #1, "PU; "
IF Y$ = "Y" THEN PRINT #1, "SP; "
CLOSE #1
END
```

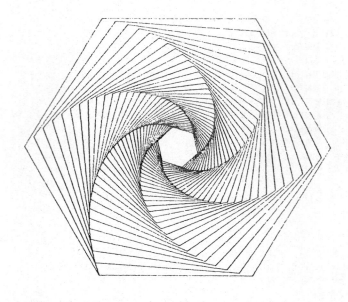

圖3
六角形圖樣

表1
六角形圖樣程式
範例

```
1     REM PROGRAM 4.8 (HEXAGON DESIGN)
2     REM DRAWS A SEQUENCE OF SPIRALLING HEXAGONS
10    PI = 3.14159
20    C = COS (PI / 3) : S = SIN (PI / 3)
30    CI = COS (PI / 36) : SI = SIN (PI / 36) : SF = .95
40    X = 95 : Y = 0 : CX = 140 : CY = 96 : SC = 1.16
50    HGR2 : HCOLOR = 3
60    FOR J = 1 TO 40
70    FOR I = 0 TO 6
80    SX = X * SC + CX : SY = CY + Y
90    IF I = 0 THEN HPLOT SX, SY
100     HPLOT TO SX, SY
110   XN = SF X * C – Y * S : Y = X * S + Y * C : X = XN
120     NEXT I
130   XN = SF * (X * CI – Y * SI) : Y = SF * (X * SI + Y * CI) : X = XN
140     NEXT J
```

　　當在認識程式繪圖時，事實上亦應建立電腦繪圖軟體的系統觀念。很明顯的，硬體部分是電腦與繪圖裝置本身，而資料庫與其軟體皆存在於電腦系統中，或可分開在兩個或更多的電腦系統上，而在電腦與繪圖裝置間，需要兩個軟體系統而來產生界面。其一是資料庫處理系統，此系統的數學基礎與裝置無關，而是與數學處理之程式語言編寫有關。其二則是軟體系統提供繪圖功能與特定繪圖裝置硬體間的界面，能產生必要的數碼，送至繪圖裝置，使其完成圖形的輸出，例如畫線、畫點。

9.3 AUTOCAD 簡介

　　AUTOCAD 套裝軟體是一種電腦輔助繪圖及設計的程式，是現今普遍被使用的電腦繪圖軟體。其具有非常強大的繪圖編輯功能，及開放式的架構，可銜接其他的設備或電腦，以便資料的輸出與轉換，再加上 AUTOLISP 提供程式化的設計，使其成為人們所熟悉的軟體程式。在 Autodesk 公司不斷的研究發展下，推陳出新，短短數年之間，幾乎囊括了 CAD 領域之各種功能。

　　本軟體是具有理解力的程式，當你打開機器後循序進入主功能表，如（表 2），可由選項中交談進入我們所需的工作領域中。若進入編輯繪圖功能中，程式為便於管理繪圖操作而分成一小部分及一群副功能表，如（表 3），可發現 AUTOCAD 所提供之功能表、關鍵字及指令等之繪圖能力，僅受限於習者的想像力及使用程式的技術而已。要學好 AUTOCAD 有兩個基本技巧，首先是學習 AUTOCAD 的功能表及指令，其足夠提供你畫圖的能力；第二則是抱著好玩的心情，盡情利用這些 AUTOCAD 指令做實際的畫圖練習。

Main Menu   表 2

      0. Exit AutoCAD
      1. Begin a NEW Drawing
      2. Edit an EXISTING Drawing
      3. Plot a drawing
      4. Printer plot a drawing
      5. Configure AutoCAD
      6. File Utilities
      7. Compile shape/font description file
      8. Convert old drawing file

Enter selection:

表3

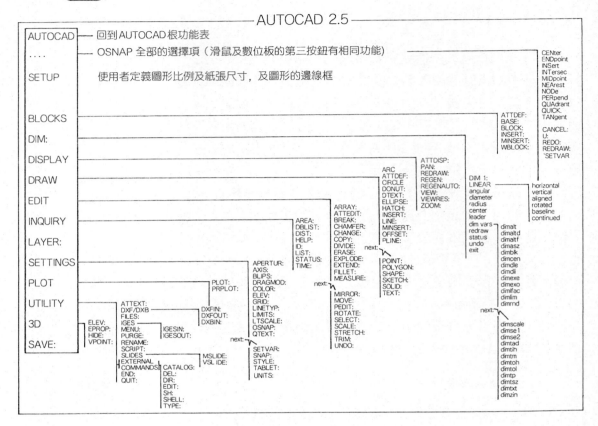

AUTOCAD 提供 2–D 圖形及 3–D 圖形的建立，而以 2–D 的工具可畫出像 3–D 的影像，例如以等角投影的工具使圖形看起來有深度狀。AUTOCAD 的 3–D 圖形，僅是以簡單的工具來定義 3–D 形狀模組，然後可以在任何有利的點作觀察，來查視這些模組。所以這些工具大體可區分二類，一些為建立模組；另則為設定觀測位置來查看模組。如（圖4）即以 AUTOCAD 繪圖的 3–D 人體工學旋轉椅。

圖 4

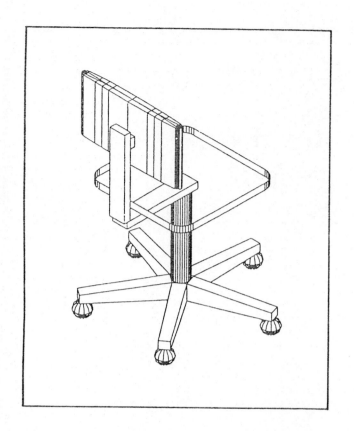

9.4 CADKEY 簡介

　　CADKEY 是一套以微電腦為基礎的 3–D 電腦輔助設計套裝軟體，而其功能即像一套完整的設計及繪圖工具。其包含了巨集指令及 CADL（CADKEY 進階設計語言）。同時 CADKEY 在節省繪圖時間及減少設計人員瑣碎工作方面，獲得豐富的成果，且能轉換 3–D 概念成 2–D 圖像，在 2–D 或 3–D 透視圖形的產生極為快速且有效率。若具有 3–D 的能力，編輯成為一個步驟之工作，僅需修改一個視圖就可修改所有之視圖。

　　在此軟體的應用上對所有的使用者是無限制的，在系統中執行的一些共同的工作如下：3–D 數字化（監視）、電腦輔助機械、圖形發表、醫學分析、工程分析、建築設計、機械設計、製圖等等。如（圖 5、6）均為以 CADKEY 所繪之圖形，其應用實務上是屬相當廣泛的領域。

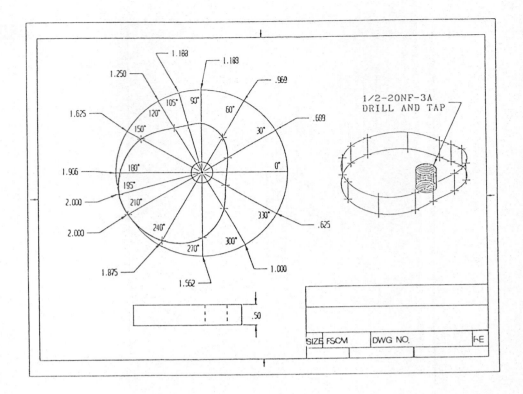

圖5

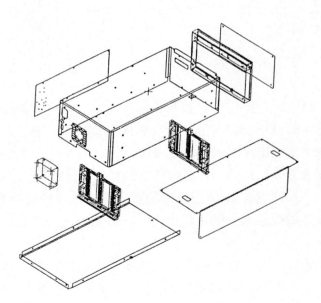

圖6

　　一般而言，學習者應了解其獨特之結構，從安裝、啟動；系統結構所提供一個對系統概念和其基本的溝通交談技巧；及了解選擇功能表和定位功能表；至各功能項選擇等等，以達成快速進出想要的功能，完成繪圖的目的。而各選擇項之功能無非是完成系統控制、幾何模型、細部繪圖、顯示操作、圖素管理、幾何分析及檔案管理、線上繪圖等等之操作功能。整體而言，其結合獨特人性化介面及配合強大的指令功能提供使用者機會，以逐步漸進方式去增進他的專門知識，能使用多樣化的選擇與技術。

9.5　電腦動畫及其他軟體

　　電腦動畫應用的範圍相當廣泛，包括工業產品設計、大眾傳播、建築設計、軍事科學模擬、教學輔助等等，可作為各項設計、施工、模擬的各種事前評估，不僅具高度說服力，更有助於降低設施的錯誤，減少各種無謂的人力、物力、時間之耗損。

　　由於動畫領域講求的是速度與品質，因此在硬體方面幾乎所有的公司均使用工作站。而軟體部分則可分為工作站級及 PC 級軟體二大類。就工作站級軟體而言，Aliax、Wave-front、TDI，是應用最廣泛的產品，分別由加、美、法三國所研究發展，各與其文化特色風格，息息相關。

　　就 PC 級的動畫工程而言，常見者有 AT&T 公司的 TOPAS 及 Autodesk 公司的 3D Studio。前者特色在於容易使用並可快速做出成品，但缺乏某些更換複雜的特殊效果。而後者則提供很多高級模組和表面處理功能，其成品可設計出完美的外形，例如（圖 7）即是由 3D Studio 所完成。

　　而其他如 PC 動畫軟體尚有 Grasp、Animator、Colorix 等，風格迥異、各顯神通。另一工作站級電腦繪圖軟體，IDEAS 其功能更是強大，不容忽視。在未來，所謂高品質、低價位的電腦繪圖系統將是趨勢，唯在擁有豪華設備之背後，人力資源的補充及訓練問題，更是未來的核心問題。

圖7

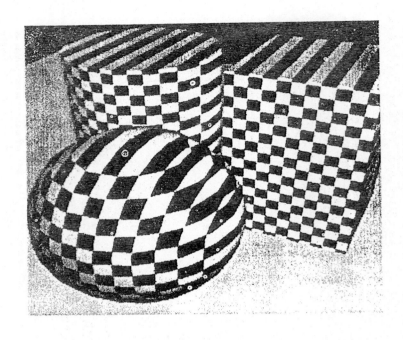

9.6　設計構想示意草圖

構想示意草圖㈠徒手畫，如（圖8）。

圖8

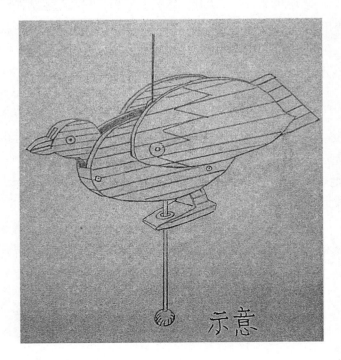

構想示意草圖㈡徒手畫，如（圖 9）。

圖 9

電腦輔助設計 CAID 設計製圖（可動式玩具組合圖）AUTOCAD，
如（圖 10）。

圖 10

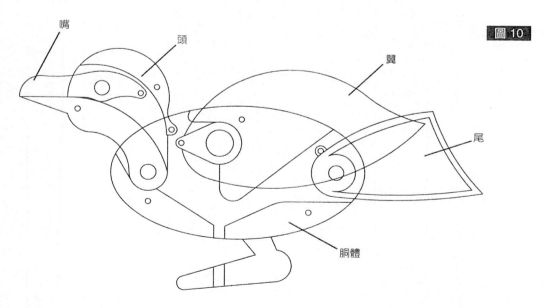

電腦輔助設計 CAID 設計圖（AUTOCAD 軟體）完成繪圖，如（圖 11）。

圖 11

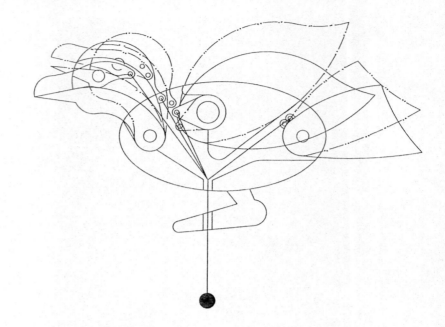

下為各零件圖：

　　⑴電腦繪零件工作圖㈡，此圖繪製係用 AUTOCAD 軟體完成，
　　　圖面為 1：1，尺度僅標示大尺寸，可指導學生自行模擬繪製，
　　　訂定弧度中心位置即可。

圖 12
胴體

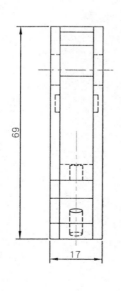

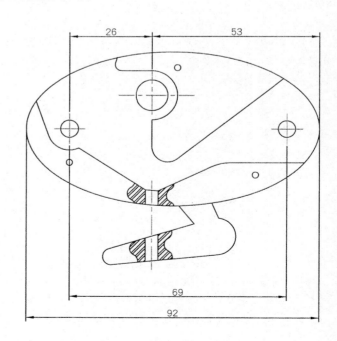

(2)用 AUTOCAD 軟體，電腦繪零件工作圖(三)，1：1 繪製完成。

圖 13

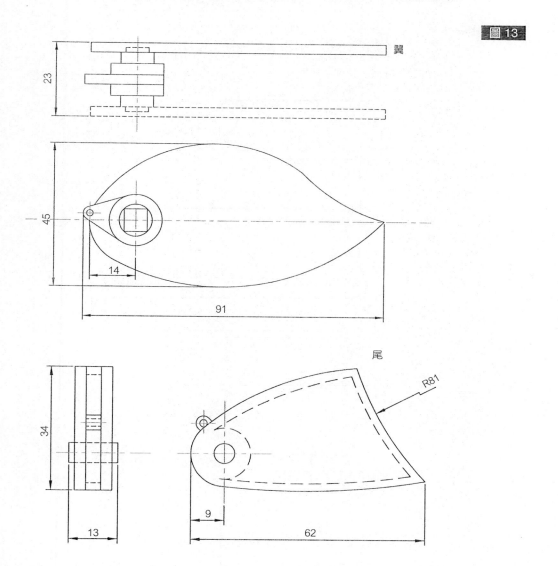

(3)用 AUTOCAD 軟體，電腦繪零件工作圖(四)，1：1 繪製完成。

圖 14

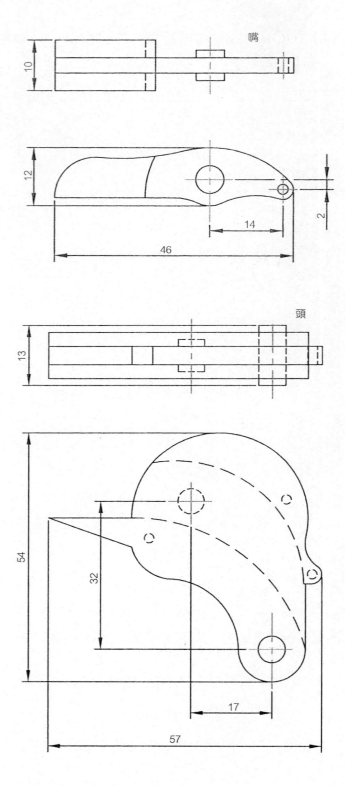

嘴

頭

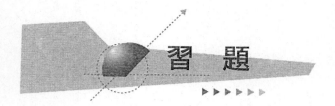

習　題

▶ ▶ ▶ ▶ ▶ ▶ ▷

請以 AUTOCAD 自行練習繪製工作圖或立體圖。

第<i>10</i>章　其他圖法

10.1　剖面圖法

㈠剖面圖概念

　　假設一構件其內部構造極為複雜，而作圖時僅在正投影上以虛線表示其隱蔽部分，不但難以作圖，也易造成混淆不清。在此情況下，就很需要借助一個或多個可剖視內部構造的圖面來另作說明，此種圖面稱為剖面圖，如（圖1）。

圖 1

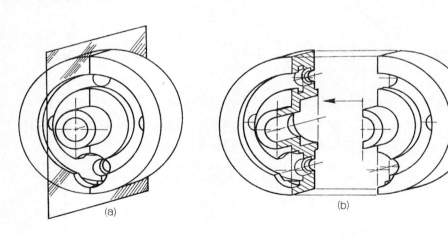

(a)　　　　　　　　　　　　(b)

　　剖面圖的定義是，假想有一剖刀在一結構體上進行切割，移去切割部分，曝露出內部結構，而使人能更容易了解內部構造的一種表現圖法。

㈡剖面線畫法

　　在剖面圖中，為了確實表現機件內部結構，凡具有實體材料的部分，均要畫上剖面線以別於空心的部分。以下是剖面線畫法的一些規

則:

(1)剖面線應使用三角板或直尺作畫,線與線的間距依剖面之大小而定,大約為 2 mm 至 4 mm 之間,且同一剖面中同一構件,其剖面線應方向一致,間距相同。

(2)剖面線應以均勻粗細的細實線作平行斜向表示,通常與水平成 45° 角。但若 45° 角的剖面線與構件形狀發生混淆時,應加以修正,如(圖 2、3)。

圖2

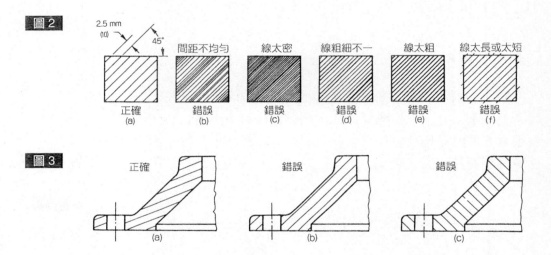

正確 (a) ／ 間距不均勻 錯誤 (b) ／ 線太密 錯誤 (c) ／ 線粗細不一 錯誤 (d) ／ 線太粗 錯誤 (e) ／ 線太長或太短 錯誤 (f)

圖3

正確 (a) ／ 錯誤 (b) ／ 錯誤 (c)

(3)當機械本身由數個構件組合而成時,其剖面圖中相鄰兩構件的剖面線,應保持角度相同且方向相反,並依剖面線密度的不同,表示出構件的不同材質,如(圖 4)。

圖4

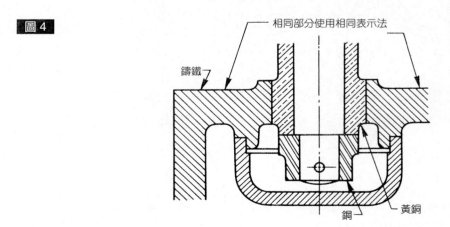

相同部分使用相同表示法
鑄鐵
鋼
黃銅

(4)當構件剖面面積很大時，可僅在剖面的邊線上以短剖面線來
表示，稱為部分剖面線或輪廓剖面線。

(5)當構件剖面厚度甚薄時，其剖面線可以全黑色來表示，如（圖
5）。

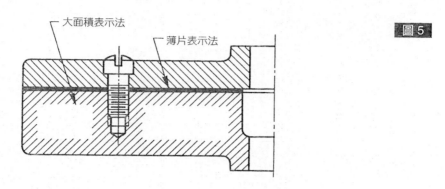

圖 5

(三)各類材質的剖面符號

畫剖面圖時，不同材質應使用不同的剖面符號，且宜採用較統一
的表示符號，以免觀圖者產生混淆不清。以下（圖 6）為美國標準學會

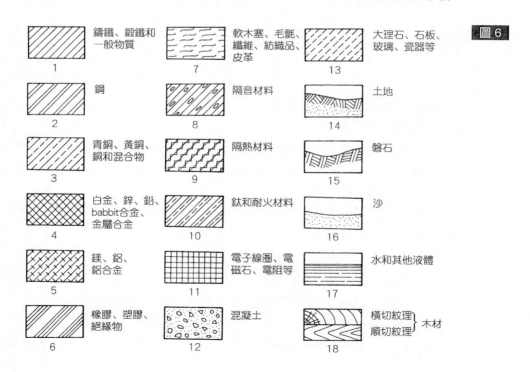

圖 6

1　鑄鐵、鍛鐵和一般物質
2　鋼
3　青銅、黃銅、銅和混合物
4　白金、鋅、鉛、babbit合金、金屬合金
5　鎂、鋁、鋁合金
6　橡膠、塑膠、絕緣物
7　軟木塞、毛氈、纖維、紡織品、皮革
8　隔音材料
9　隔熱材料
10　鈦和耐火材料
11　電子線圈、電磁石、電阻等
12　混凝土
13　大理石、石板、玻璃、瓷器等
14　土地
15　磐石
16　沙
17　水和其他液體
18　橫切紋理 順切紋理　木材

所訂定的各種材質剖面符號，可供讀者參考。

　　當構件或材料太長時，欲表示其均勻剖面時，不須將整個長度畫出，可使用如下（圖7）所示之斷裂畫法。

圖7

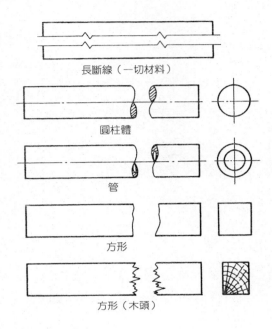

長斷線（一切材料）

圓柱體

管

方形

方形（木頭）

㈣剖面圖分類

　　剖面圖一般可依使用目的分成全剖面、半剖面、斷裂剖面、旋轉剖面、移出剖面、輔助剖面、裝配剖面。

　　1.全剖面（圖8）

　　切割面完全跨越物體，將物體分成兩部分，其剖面表現為一完全「剖面」。其中切割面可直線通過，亦可變形、轉彎通過。

　　2.半剖面（圖9）

　　畫對稱物件時常用此法，其表現方式是一半畫剖面，另一半畫正常外形圖。半剖面的優點，是可將構件的外形及內部結構，同時表現在同一視圖上。

　　3.斷裂剖面（圖10）

　　若欲表現構件某一部分的截面形狀時，應使用斷裂剖面。

　　4.旋轉剖面（圖11）

　　當視圖的輪廓與剖面發生干擾，而無法使用斷裂剖面來表現其截

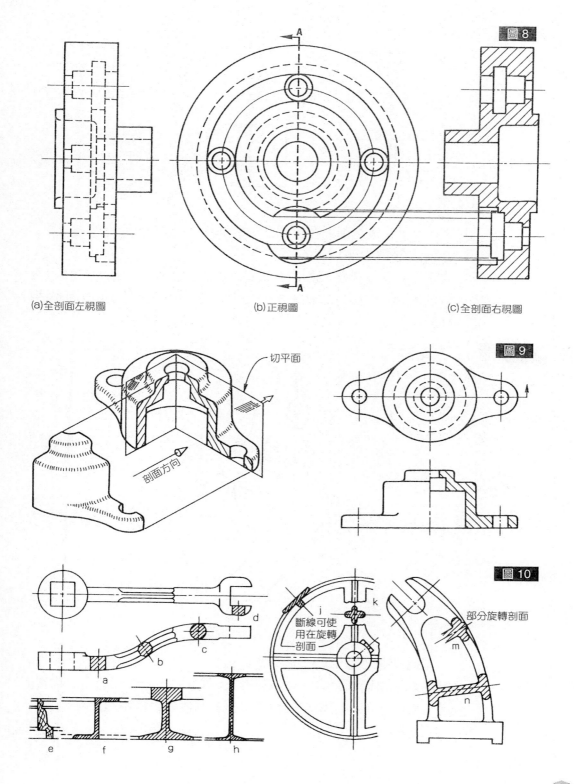

圖 8

(a)全剖面左視圖　　　　　(b)正視圖　　　　　(c)全剖面右視圖

切平面

剖面方向

圖 9

斷線可使用在旋轉剖面

部分旋轉剖面

圖 10

圖 11

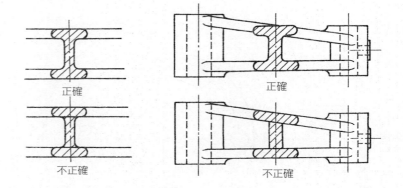

正確　　　　　　正確

不正確　　　　　　不正確

面形狀時，可將最終剖面在視圖上旋轉 90°。此種剖面稱為旋轉剖面。

　　5.移出剖面（圖 12）

　　表現目的和旋轉剖面相同，只是不在視圖上作圖，而將其移出至圖鄰近的紙面上作圖。其移出剖面部分，應在視圖上注明與剖切面相應的剖面。

圖 12

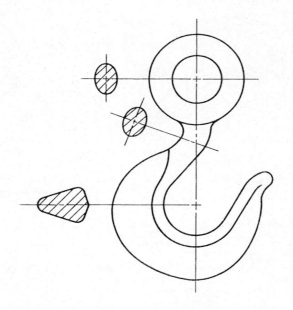

　　6.輔助剖面（圖 13、14）

　　輔助剖面為切割面切於傾斜圖形上，用來表現傾斜面的內部構造。可輔助全剖、半剖、斷裂、旋轉、移出各剖面表現的不足。

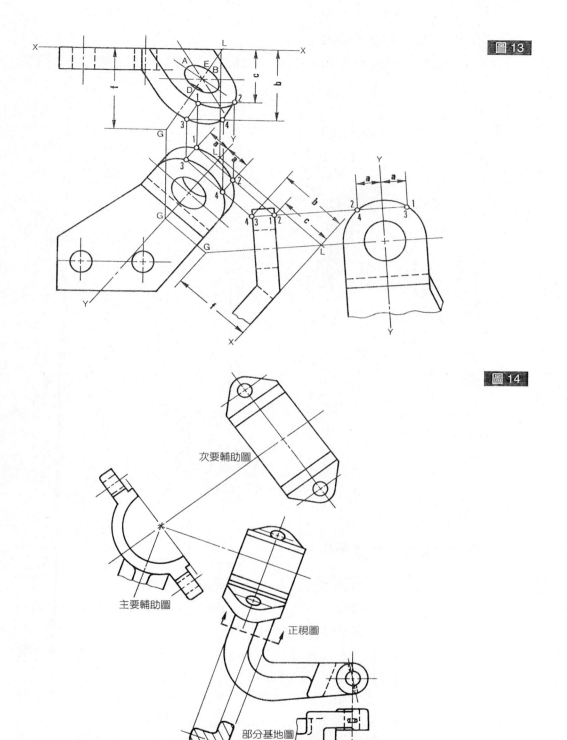

圖 13

圖 14

次要輔助圖

主要輔助圖

正視圖

部分基地圖

輔助剖面

7.裝配剖面（圖15）

裝配剖面的目的，在於表現各構件和各零件裝配時的相互依附關係。

圖15

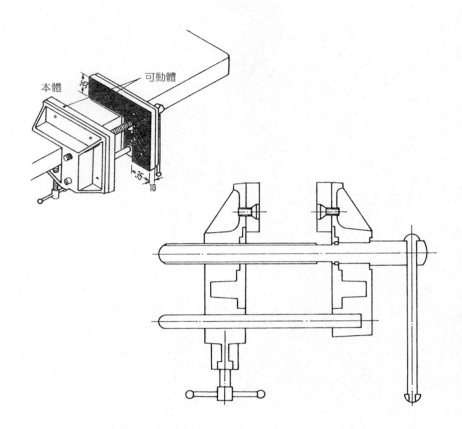

(五)剖面圖作圖原則

剛學習剖面作圖法時，宜把握下列五項作圖原則：

(1)欲求得最適當的表現斷面，宜自行練習改變剖面的方向和偏置，由經驗中尋求最佳判斷方式。

(2)剖面圖不應使用虛線作圖，但如需表現物體某一部分形狀時可例外。

(3)當物體之軸、螺栓、螺帽、鉚釘、鍵及其他類似零件，若其軸線在剖面圖中時，可以不畫出剖面線。

(4)同一剖面圖的不同部分，或同一構件在不同剖面圖時，其所畫之剖面圖，應有相同的間距和方向。

(5)兩相鄰構件之剖面線，方向應相反且間距彼此不同。較小構件，間距較小；較大構件，間距較大。

10.2 構造分解圖

構造分解圖是將產品由內至外，作順序性、相連性的解剖。通常具有小學生以上程度者，即可閱讀，不像平面圖、立面圖、施工圖須具有專門製圖訓練者才看得懂。在現代產品功能日趨多樣化的大量生產過程，往往因施工圖的太過複雜，使得製造工人在了解上發生困難。而構造分解圖正可輔助這個缺點。

構造分解圖大致可分為設計用構造分解圖、製造用構造分解圖、使用及維修用構造分解圖三種。

1.設計用構造分解圖

如(圖 16)。在設計構思中，利用構造分解圖先將機械或設備拆成可加工的小單位，然後依各小單位分別設計其構件細節、設備位置、結構特質、各部及設備的功能等方法，可輔助設計時的構思方向。在設計工作進行時，此種圖常隨著設計的進行而修改、校正或重畫。

2.製造用構造分解圖

如(圖 17)。為機械或設備的拆卸、組合構造分解圖。此圖可用來表示局部裝配、零件及構件的相互關係與位置。同時可用來說明施工、零件製造和裝配的步驟。其目的，主要用來輔助複雜的施工圖，使製造工人更易於了解。

3.使用及維修用構造分解圖

如(圖 18)。一般使用在機器型錄及玩具的安裝說明書中。用來指示產品使用者如何拆換、保養、修理和安裝。

圖 16

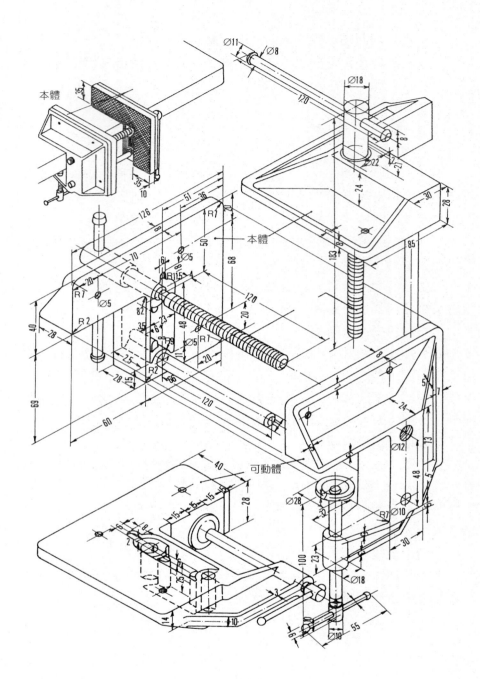

本體

本體

可動體

圖17

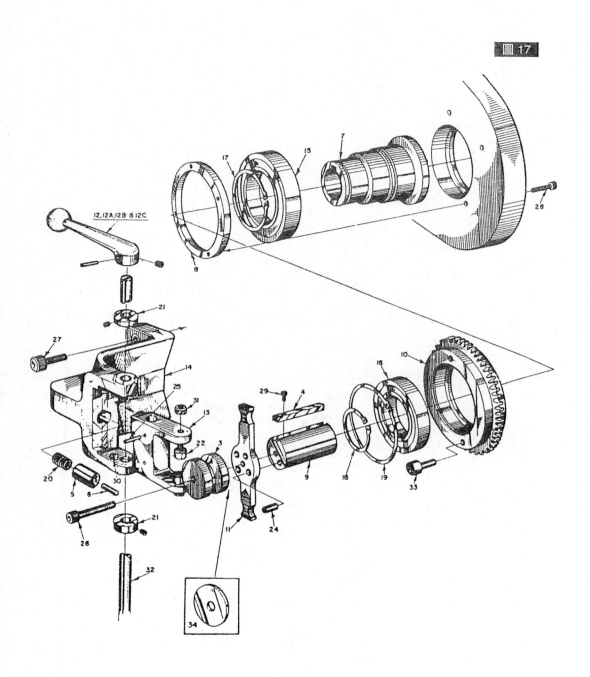

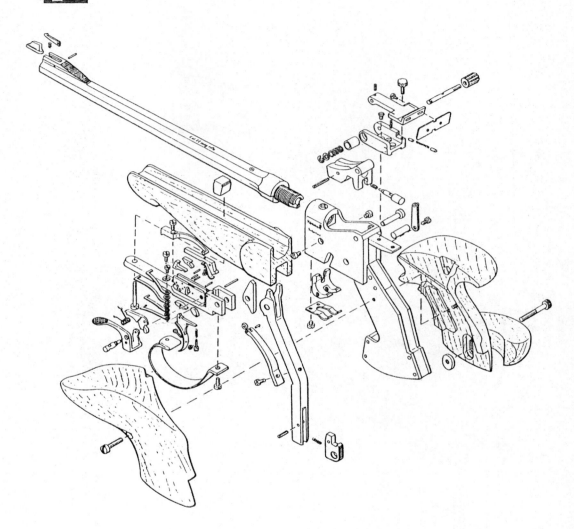

10.3　徒手畫

㈠徒手畫概論

徒手畫依畫圖目的，可分成寫生畫和圖解思考兩種。

寫生畫是當我們看到一優美的風景或建築物或物體、產品時，立刻將其外貌速寫描繪下來，作為觀賞或參考用的過程，其動機較單純。

圖解思考是當我們在作設計或思考時，利用自己易懂的表達方式，將大腦的尋思構想，簡單且依序描繪下來，是一種設計師與設計物間之信息的相互交流方法，其動機較為複雜。

㈡徒手寫生

徒手寫生又稱速寫，速寫可分成三個步驟進行，即基本輪廓、明暗色調、細部三個步驟。基本輪廓是關鍵，要是各局部位置相差太多，比例錯誤，那麼往後的兩個步驟，也不會有太大的改善，完成後的速寫一定失真。輪廓確定後加畫明暗色調，仔細觀察速寫對象，那個部位最明亮、那個部位最黝暗？速寫就漸漸逼真了。最後，加畫細部。到這階段，畫面各部分已經確定，便可以專注於細部，進行逐個描繪。徒手寫生步驟如（圖 19）。

1.基本輪廓的速寫

基本線條是速寫中最重要的部分，也是最難掌握的技法，這需要大量的練習，才可能畫好。下列方法可作為一些參考。

(1)為了幫助取得物體的真實感和敏銳的比例感，要先練習畫正方塊，接著畫 2：1 和 3：1 的長方塊。然後在擬畫的景象中尋找這類方塊，如（圖 20）。

(2)利用十字或者方格使速寫中的各部分處於恰當的地位，或者使景象或主題中的某個顯著物具有組織其他部分的作用，如（圖 21、22）。

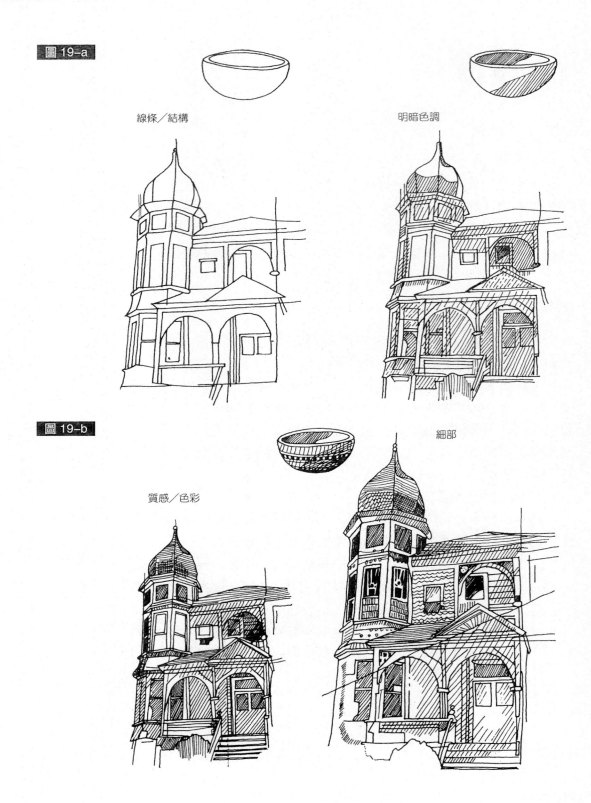

圖 19-a

線條／結構　　　　　　明暗色調

圖 19-b

質感／色彩　　　　　　細部

圖 20

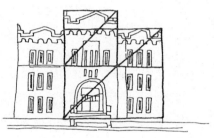

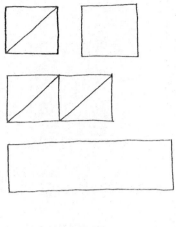

圖 21

圖22

(3)可以使用鉛筆或簽字筆作畫，因為這樣線條容易明確而清晰。要是某條線畫錯了，錯誤也一目了然。

(4)為了進一步掌握線條技能，應時時作些簡單的練習，如我們在「懶散時刻」隨手畫出來的東西。

2.明暗色調

明暗色調用不同密度的或者交錯組合的陰影線表示。線條必須平行、間距均勻。其交錯線條的主要用途是表示中間色調和暗色調的不同層次。

水平的影線用於水平表面，傾斜的影線用於垂直表面。當二個垂直面相交時，二個面的陰影線的斜度應稍微有些不同，如（圖 23）。

明暗色調也分三個步驟來畫：(1)表現各種表面的質感，例如谷倉的垂直木板。(2)如果質感還不能表示對象的明暗度，可在整個表面增加所需的影線。(3)最後，在一切有陰影的地方畫上更多的影線，如（圖24、25）。

3.細 部

細部往往是最引人注目和最能激發興趣的部位，如（圖 26、27）。建築物的窗戶就是一個極好的實例：在那裡，細部是二種材料——磚塊與玻璃之間，或者二種構成要素——牆面與窗洞之間轉換的結果。木窗框、磚拱卷、拱頂石和窗臺使這一轉換成為可能。

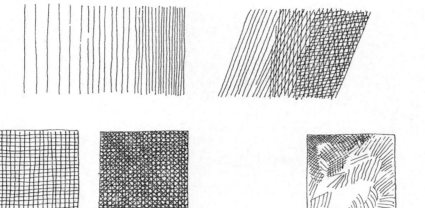

圖 23

圖 24

圖 25

圖 26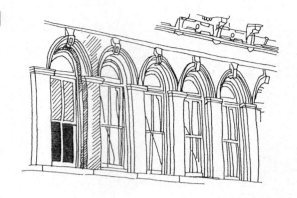

圖 27

在多數景象中，若干細部離我們很近，其餘的都較遠。近的細部看得清楚，在速寫中應該畫出諸如螺釘、扣件、精緻的結點和質地。處於遠景的細部則逐漸簡化，直到只需表示出一個外輪廓。

(三)圖解思考

圖解思考是用來表達速寫草圖，以幫助思考的一種術語。圖解思考過程可以看作自我交談，在自我交談中，作者與設計草圖相互交流。交流過程涉及紙面的速寫形象、眼、腦和手，如（圖28）。在圖解思考過程的簡圖中，眼、腦、手或速寫四個環節都有可能對通過交流環的信息進行添加、削減或者變化。

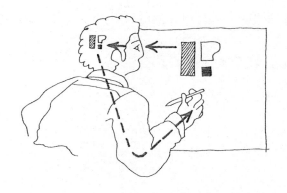

圖 28

　　圖解思考過程中，除了上述眼、腦、手或速寫的作用外，其繪圖技術、材料、作者的情緒都可能使我們所想與實際所畫之間存在著一些差異。這些差異可能因為明暗度和角度的微小變化、形象的尺度和離視點的距離、紙面的反射係數和顏料的透明度之不同，而產生差異。

　　圖解思考的潛力在於從紙面到眼睛到大腦，然後返回紙面的信息循環中。理論上，信息通過循環的次數越多，變化的機率也越多，如（圖 29）。

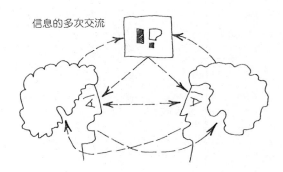

信息的多次交流

圖 29

　　圖解思考常應用在圖解語言和實物設計工作上。

1. 圖解語言

圖解語言常運用在：

　　(1)實物設計的先前工作，作實物設計工作前，應先歸納出各主體和各條件之間的關係。

　　(2)作系統設計時，各系統各主體之間的關係。

　　圖解語言包括三個基本部分：主體、相互關係、修飾。在圖解分析中，應先分析出那些是主體。主體以圓圈表示，以線條來連接主體間的相互關係，修飾以圓圈和線條的變化來表示（粗線條表示較重要的關係，色調表示不同的主體）。

如（圖30），表示狗抓住了骨頭。

圖30

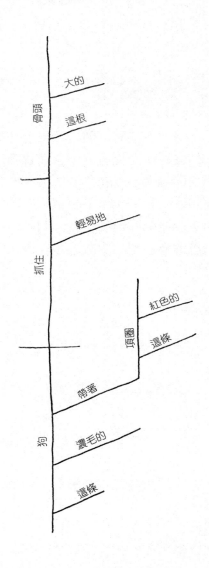

如（圖31），表示居家中各空間的關係。

如（圖32-a），表示起居室與車庫的關係不密切。

如（圖32-b），表示餐室必須與廚房和平臺這類空間相連。

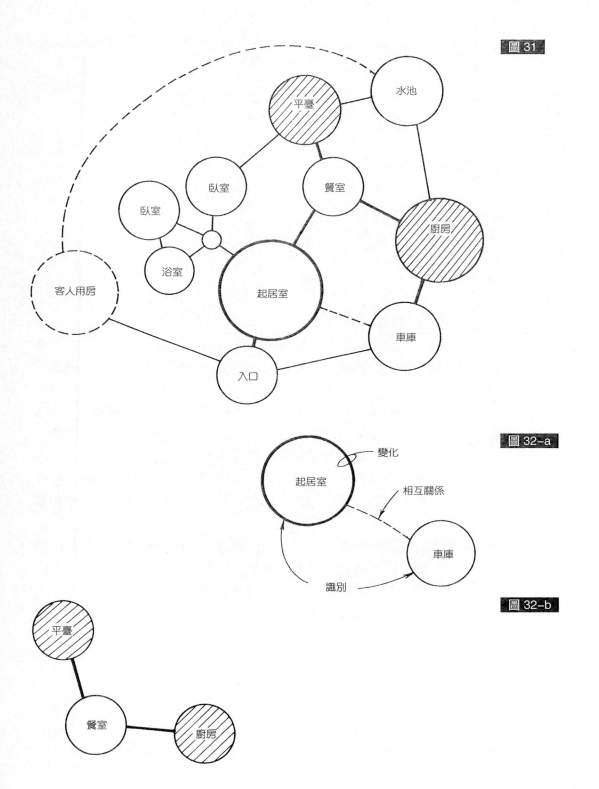

圖 31

圖 32-a

圖 32-b

如（圖32–c），表示客人房間應與入口相連繫，可間接通向水池。

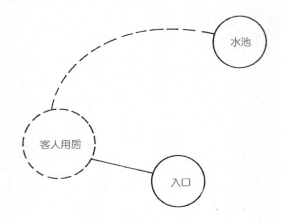

圖 32–c

2.實物設計速寫

當設計師進行設計工作時，一面進行設計思考，一面將大腦思考內容描繪在紙上。透過眼、腦、手和速寫，使設計與思考相互融成一體。

當設計師利用設計速寫來作圖解思考時常會有下列特點：

(1)在一頁紙面上表達許多不同的設想，設計師的注意力始終不斷地從一個主題跳向另一個主題。

(2)他的觀察方式，無論在方法和尺度上都是多種多樣的。往往在同頁紙上既有透視、又有平面、剖面和細部圖，甚至全景圖。

(3)思考是探索型的、開敞的。表達如何構思的草圖大都是片斷的，顯得輕鬆而隨便。設想了許多種變化和開擴思路的可能性。旁觀者往往被邀請共同參與設想。

（圖33、34）為設計師進行圖解思考時的實物設計速寫。

圖 33

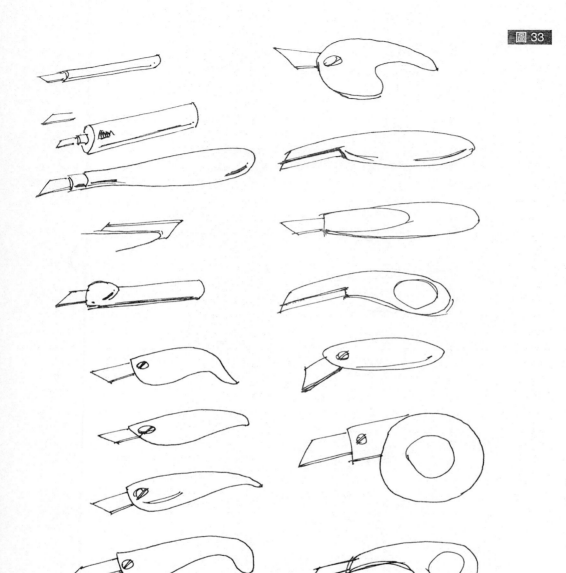

圖 34

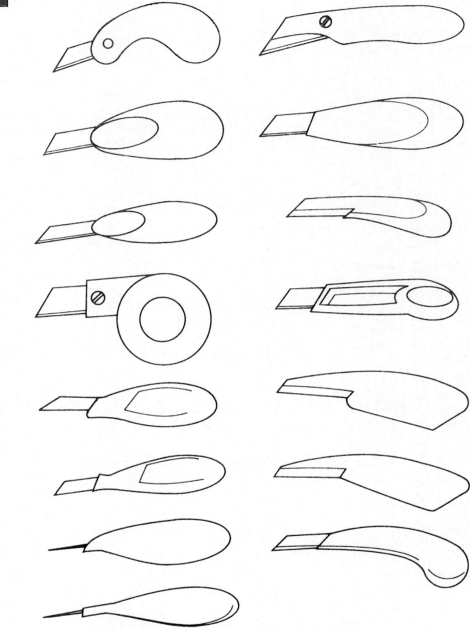

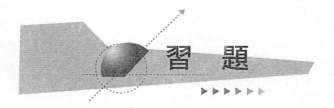

習 題

▶▶▶▶▶▶▶

1. 請將（圖 1〜5）繪成等角圖（立體圖），繪圖時請依剖面線方向剖開。

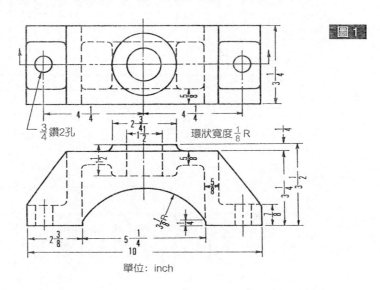

圖 1

$\frac{3}{4}$鑽2孔　　環狀寬度 $\frac{1}{8}$R

單位：inch

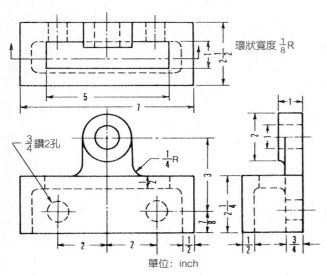

圖 2

環狀寬度 $\frac{1}{8}$R

$\frac{3}{4}$鑽2孔　　$\frac{1}{4}$R

單位：inch

圖3

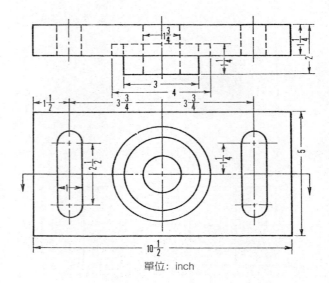

單位: inch

圖4

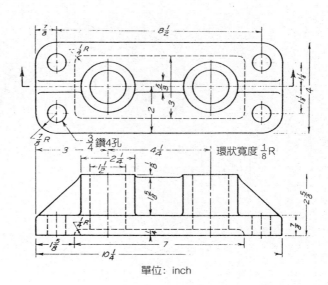

$\frac{3}{4}$鑽4孔

環狀寬度$\frac{1}{8}$R

單位: inch

圖 5

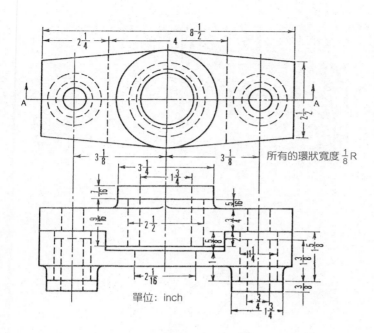

所有的環狀寬度 $\frac{1}{8}$ R

單位: inch

2. 請將（圖 6～8）繪成剖面圖。

圖 6

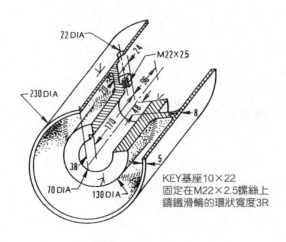

22 DIA

M22×2.5

230 DIA

38

70 DIA

130 DIA

8

5

KEY基座10×22
固定在M22×2.5螺絲上
鑄鐵滑輪的環狀寬度3R

單位: mm

圖7

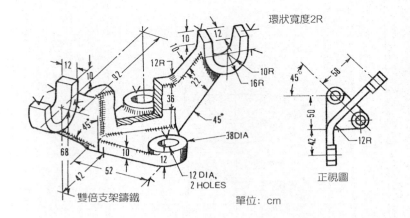

環狀寬度2R

雙倍支架鑄鐵

12 DIA,
2 HOLES

38DIA

正視圖

單位：cm

圖8

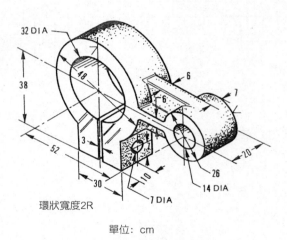

32 DIA

環狀寬度2R

單位：cm

3.請任意畫出二種圖解思考。

↖造形(一) 林銘泉 著

　　造形是一件很複雜的工作，其活動有賴於設計師的經驗、思考與知識，因此設計師的主觀意見將影響設計的結果。為了強化設計師在造形基礎的學習過程體會如何遵循合理的造形原則來創作，並儘可能降低主觀意識，本書的編寫將著重在造形基本原則的介紹，以提供學習者一些表達造形的技巧與方法。本書的內容依章節特性共分為四個部分：第一部分介紹產品造形的歷史演變；第二部分介紹造形的構圖原理與統一性原則；第三部分依造形的七個基本要素：線條、形、形狀、空間、明暗度、表面紋理與色彩，分別安排章節介紹其相關原理；最後一部分則提供十個與前述內容有關的造形習作給學習者演練，以了解書內各種原理原則的表現特性。

↘構成(一) 楊清田 編著

　　本書係以構成教育中之「平面構成」部分為主題。全書略分成四章，首章「概論」，闡述構成的意義、源流、目標以及在臺灣設計教育中的發展；次章「構成基礎之實際」，介紹構成的工具材料、造形要素、視覺心理 以及色彩運用等基礎理念；第三章「平面構成之原理」，針對平面構成的離心、向心構圖法則，以及調和、錯視與動態等幻象圖形設計，作原理與實務上之印證；末章針對材料的性質與材質感方面，作實際的開發與創作練習。全書除理論說明之外，為配合實作需要，採用近三百幅圖片，說明實作的方法並印證其效果。

↖藝術概論(增訂新版) 陳瓊花 著

　　藝術與人類生活密切相關，事實上藝術即為人類文化中重要的一環。藝術由藝術家所創造而存在，使觀者得以共享，並進而豐富了人生的意義與價值，這其中藝術家、觀眾與人類的生活存在著互補與互足的關係。本書根本的架構即環繞著藝術家的創造活動、藝術品、藝術與人生四個章節發展，引人入勝。

↘展示設計 黃世輝 吳瑞楓 著

所有的設計都在視覺傳達的觀點上是一種記號結合型的展示，而所有的展示無論個人標誌、公共標誌、櫥窗、商店、展示中心、展覽會、遊樂園、博物館、博覽會甚至廟會、慶典與祭祀等，則都可以說是平面設計、商業設計、工業設計、室內設計、建築設計、環境設計等各種設計的綜合運用。在規劃階段中考慮時間、經費、對象、場地、手法等等因素，在構想階段考慮型態、色彩、材質、照明、影像媒體等等的種種可能，有創意地使用文字、聲音、圖片、模型、實物、可動裝置、影片、電腦、媒體等不斷翻新的媒介，提出「新」的資訊或感受，供大眾體驗與認知，這些是展示的共通面，然而在促銷、宣傳、娛樂、教育、文化等各種不同目的的分辨中，各類商業性或非商業性的展示都各自具有獨特的個性與面貌，從而衍生出多彩多姿的展示世界，融入了人們生活的許多角落。

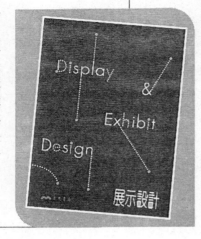

↙廣告設計 管倖生 著

這是一個傳播的時代，也是一個廣告的時代。本書內容因此注重對廣告正確的整體概念之建立；而設計技巧的傳授，本書限於篇幅無法歷述，但在實務上應具備的技巧，及可能碰到的疑難之處，本書均詳多解釋說明，希望讓研習者不局限於僅知其然，而能知其所以然，如此日後面對其他廣告設計問題，便能自行舉一反三，推理應對。是故本書以培養設計者作業能力為出發點，依照整個廣告設計過程編排，採用大量的實例為旁證，並以深入淺出的方式，穿插說明廣告設計理論。

↘畢業製作 賴新喜 著

本書係著者將十餘年之教學心得與實務經驗，綜合各方面專家學者之不同論點所撰述。全書內容分成六篇，共計二十七章，主要介紹畢業製作的基本觀念、畢業製作的規劃與進行、畢業製作實務之基本技術與方法，以及畢業展覽與發表的設計實務與方法等。全書三十餘萬字，包括圖表一百餘，內容豐富、深入淺出、論述詳盡、層次清晰，不僅可作為大專教學課程之設計或短期之設計專業進修使用，同時亦適合一般設計人員與專案管理人員作為參考用書或入門良書。